航空圆柱直齿渐开线花键抗磨损设计

薛向珍 温志勋 郑维彤 霍启新 何乃如 肖 立 等著

国防工业出版社
·北京·

内 容 简 介

本书针对航空渐开线花键副的结构特点和工况环境，系统地分析了不同结构花键副磨损的原因和各因素对花键副磨损的影响规律，综合运用机械系统动力学与工程摩擦学交叉学科的基本理论知识，结合仿真模拟及试验探索揭示了航空渐开线花键副的磨损机理，基于能量耗散法提出了航空渐开线花键副磨损预估模型，不仅为我国目前面临的航空渐开线花键副磨损严重、可靠性差等问题提供了较好的理论知识基础，也为制造业其他领域涉及渐开线花键副的科研及工作人员提供了参考和方法。

本书可作为我国航空工业领域工程技术人员参考书，也可为其他相关领域的科研及工作人员提供理论参考。

图书在版编目(CIP)数据

航空圆柱直齿渐开线花键抗磨损设计/薛向珍等著.
北京：国防工业出版社，2024.11. -- ISBN 978-7-118-13348-6

Ⅰ. V232.9

中国国家版本馆 CIP 数据核字第 20246D5Q27 号

※

国防工业出版社出版发行
(北京市海淀区紫竹院南路 23 号　邮政编码 100048)
北京凌奇印刷有限责任公司印刷
新华书店经售

*

开本 710×1000　1/16　插页 4　印张 12¼　字数 228 千字
2024 年 11 月第 1 版第 1 次印刷　印数 1—1200 册　定价 88.00 元

(本书如有印装错误，我社负责调换)

国防书店：(010)88540777　　书店传真：(010)88540776
发行业务：(010)88540717　　发行传真：(010)88540762

前　言

　　航空发动机的发展水平是一个国家综合国力、工业基础和技术水平的集中体现，是国家安全的重要战略保障。随着工业水平的提高、科学技术的进步以及经济实力的增强，国家对自主研制先进航空发动机的决心和需求有目共睹。由于先进航空发动机中的主减速器直接承受旋翼产生的全部作用力和力矩并传递给机体，因此其寿命与可靠性对直升机飞行安全具有极其重要的意义。美国在高速旋翼机传动系统研究(Advanced Rotorcraft Transmission，ART)计划和21世纪旋翼机传动系统研究(Rotorcraft Drive System for The 21 Century，RDS-21)计划中，都将主减速器的寿命和可靠性分析与设计列为关键技术。而渐开线花键副作为航空主减速器中关键的零部件之一，它的可靠性对动力传输系统的安全起决定性作用，其耐磨设计也是航空发动机的安全性和寿命提升的重中之重。

　　固定式航空渐开线花键副由于受内、外动态激励共同作用，使其微动磨损失效严重。浮动式航空渐开线花键副受到超临界尾轴自激振动以及受尾轴随尾梁变形时，花键存在近似于固定频率的滑动的影响，使得此类浮动渐开线花键副在运行过程中齿面材料和定位圆柱面被大量磨掉，最终使其寿命及可靠性受到严重威胁。根据某航空研究所反馈，航空渐开线花键副理论设计的目标飞行时间为5000h左右，但90%该类直升机主减速器在运行600h左右时，其内部渐开线花键副已严重磨损。这对连接可靠性造成严重危害，甚至造成灾难性事故。故如何在提高航空渐开线花键副使用性能的同时，又延长其工作寿命成为了航空动力传输系统设计急需攻克的重大难题，航空渐开线花键副磨损机理及磨损预估方法等方面的研究也便被推上了科学研究的前沿。

　　本书共分为11章。第1~8章主要以理论研究为主，其中：第1章对渐开线花键副的基本情况进行了介绍，总结了近10年来国内外在航空渐开线花键副动力学、磨损预估方法以及对应的减磨耐磨方法方面的研究进展，概括了现有研究存在的问题，并探讨了航空渐开线花键副研究发展趋势；第2章针对不同结构形式的花键副分析了造成其磨损的主要原因，探索了径向间隙、侧隙、润滑、不对中以及浮动距离等因素对航空花键副磨损的影响规律；第3章结合磨损的基本理论，分别给出了固定式和浮动式两种结构形式的航空渐开线花键副的磨损机理；第4章和第5章基于动力学方法，研究了航空渐开线花键副在不对中情况下啮合力、啮合力矩的变化情况；第6章和第7章提出了航空渐开线花键副的精细化网格有限元建模方法以及基于能量耗散法的花键副磨损深度计算方法，并分析了不同工况时航空渐开线花键副的磨损分布规律；第8章探讨了现有航空渐开线花键副减磨耐磨方法，最终以修形为主提出了载荷均匀化曲线修形方案，实现花键副减磨耐磨的目的。第9~11章是为了支撑所提理论方法及所得分析结论提供的试验研究。其中：第9章以销-盘模式试验件为对象，研究并分析载荷、热表处理方式、材料副、润滑特性等对该试件摩擦、磨损性能的影响；第10章采用相同参数的齿条平面花键副代替渐开线圆柱花键副，在高频拉压振动疲劳试验机上模拟渐开线花键副齿面接触压力和微幅振动，采用试验手段探索花键副微动磨损过程与机理，为航空渐开线花键副的微动磨损机理探索提供了试验基础；第11章进行了考虑不对中工况时航空渐开线花键副的非线性动态啮合力分析试验，以期为解决我国航空渐开线花键副面临的不对中、润滑与磨损等问题提供借鉴和参考，同时为我国设计高可靠性、高精度及高寿命的航空渐开线花键副奠定良好的数值基础。

  本书针对航空渐开线花键副的结构特点和工况环境，系统地分析了不同结构花键副磨损的原因和各因素对花键副磨损的影响规律，综合运用机械系统动力学与工程摩擦学交叉学科的基本理论知识，结合仿真模拟及试验探索揭示了航空渐开线花键副的磨损机理，基于能量耗散法提出了航空渐开线花键副磨损预估模型，不仅为我国目前面临的航空渐开线花键副磨损严重、可靠性差等问题提供了较好的理论基础，也为制造业其他领域涉及渐开线花键副的科研及工作人员提供了参考和方法。

  本书的研究工作得到了国家自然科学基金青年基金项目（项目编号：52005312）、国家APDT计划项目课题（项目编号：2013HB050021）、陕西省教育厅专项科研计划项目（项目编号：19JK0147）、陕西省科技厅基础研究计划项目（项目编号：2019JQ-457）以及中国航发横向课题的资助和支持。本书由薛向珍、温志勋及郑维彤等编著完成；西北工业大学王三民教授、中国航发株洲动力机械研究所杨思维、中车唐山机车车辆有限公司霍启新在本书编写过程中提供了很大支持；同时，课题组李文贤、贾继鹏、刘健参与了本书的一部分编写工作，在此一并表示真诚感谢！

由于作者水平有限，本书又是作者在该研究领域所做的初步探索，所以难免存在一些疏漏之处，敬请广大读者批评指正。

作者
2023 年 10 月

目 录

第1章　航空渐开线花键副研究综述 ··· 1

1.1　渐开线花键副概述 ··· 2
1.1.1　渐开线花键副的特点 ··· 3
1.1.2　渐开线花键副基本参数及其计算公式 ··························· 4
1.1.3　渐开线花键副常规设计 ··· 7

1.2　航空渐开线花键副磨损相关领域研究现状 ···························· 9
1.2.1　航空渐开线花键副载荷分布研究现状 ··························· 9
1.2.2　航空渐开线花键副系统动力学研究现状 ······················· 11
1.2.3　磨损仿真技术研究现状 ·· 13
1.2.4　航空渐开线花键副摩擦磨损研究现状 ·························· 14

1.3　现有研究存在及亟待解决的问题 ······································· 15

第2章　航空渐开线花键副磨损原因分析 ··· 19

2.1　工况分析 ·· 19
2.2　工作特点分析 ·· 20
2.3　结构特点分析 ·· 21
2.4　磨损原因分析 ·· 23
2.4.1　花键副磨损原因分析 ··· 23
2.4.2　不同结构形式航空渐开线花键副的磨损原因 ················· 27

第3章　航空渐开线花键副的磨损机理研究 ······································· 28

3.1　磨损机理研究意义 ··· 28
3.1.1　失效的形式及原因 ·· 28
3.1.2　磨损程度划分 ·· 30

3.2　磨损的表现形式 ·· 31

  3.2.1 磨损的基本形式 ································ 31
  3.2.2 航空渐开线花键副磨损的表现形式 ············· 37
 3.3 磨损机理分析 ·· 41
  3.3.1 基本磨损形式的磨损机理 ······················ 41
  3.3.2 航空渐开线花键副的磨损机理分析 ············· 46

第4章 航空渐开线花键副非线性动态啮合力计算 ············· 51

 4.1 啮合线相对位移分析 ································ 51
 4.2 动态刚度计算 ·· 56
  4.2.1 啮合点位置确定 ································ 57
  4.2.2 动态啮合刚度计算 ······························ 60
 4.3 动态啮合力计算 ····································· 66
 4.4 其余动力学参数确定 ································ 70
  4.4.1 扭转刚度计算 ··································· 70
  4.4.2 啮合阻尼、扭转阻尼计算 ······················ 70

第5章 考虑不对中的航空渐开线花键副非线性动态啮合力研究 ············· 72

 5.1 动力学模型简化方法简介 ··························· 72
 5.2 渐开线花键副系统动力学模型 ······················ 73
  5.2.1 不对中工况分析 ································ 73
  5.2.2 系统动力学模型 ································ 74
 5.3 动力学方程求解方法简介 ··························· 78
  5.3.1 相平面法 ·· 78
  5.3.2 解析方法 ·· 78
  5.3.3 数值方法 ·· 79
 5.4 未考虑不对中条件下的渐开线花键副啮合力分析 ············· 81
 5.5 考虑不对中条件下的渐开线花键副啮合力分析 ············· 83

第6章 航空渐开线花键副接触有限元模型 ············· 91

 6.1 有限元思想与有限元分析步骤概述 ················· 91
 6.2 Matlab-Abaqus-Python 有限元计算方法 ············ 92
 6.3 基于 Matlab 的精细化建模与网格划分方法 ········ 94
  6.3.1 渐开线齿廓的形成与特性 ······················ 94
  6.3.2 渐开线花键副结点编号与三维坐标 ············· 95
  6.3.3 网格的建立 ····································· 97

6.4 有限元相关设置 ·· 99
    6.4.1 接触设置 ·· 99
    6.4.2 载荷与边界条件设置 ······································ 100

第7章 航空渐开线花键副磨损分析 ································ 104

7.1 渐开线花键副磨损深度计算 ···································· 104
7.2 不同工况条件下磨损量分布规律 ································ 105
    7.2.1 工况条件一 ·· 106
    7.2.2 工况条件二 ·· 109
    7.2.3 工况条件三 ·· 112
7.3 花键参数对磨损的影响 ·· 115
    7.3.1 接触长度对磨损的影响 ·································· 115
    7.3.2 外花键壁厚对磨损的影响 ································ 116
    7.3.3 磨损深度分布随时间变化规律 ···························· 117
7.4 浮动距离对航空渐开线花键副磨损的影响 ························ 121

第8章 航空渐开线花键副抗磨损设计 ································ 124

8.1 修形方案概述 ·· 124
    8.1.1 鼓形修形 ·· 124
    8.1.2 螺旋角修形 ·· 126
    8.1.3 齿向分段抛物线修形 ···································· 126
    8.1.4 载荷均匀化曲线修形 ···································· 127
8.2 优化方案验证与比较 ·· 130
    8.2.1 未修形 ·· 130
    8.2.2 鼓形修形优化结果 ······································ 131
    8.2.3 齿向分段抛物线修形优化结果 ···························· 132
    8.2.4 载荷均匀化曲线修形优化结果 ···························· 132
    8.2.5 各修形方案比较分析 ···································· 133
8.3 其余减磨、耐磨方法分析 ······································ 134
    8.3.1 材料副的选择 ·· 134
    8.3.2 表面处理及润滑 ·· 134

第9章 航空渐开线花键副材料摩擦磨损特性试验 ······················ 136

9.1 试验方法 ·· 136
    9.1.1 磨损量测定方法 ·· 137

9.1.2　试验装置 …………………………………………………… 137
　　9.1.3　试验样本及成分 ……………………………………………… 138
　　9.1.4　试验方案 …………………………………………………… 139
　　9.1.5　试验步骤 …………………………………………………… 140
　9.2　摩擦因数分析 ……………………………………………………… 142
　9.3　磨损量分析 ………………………………………………………… 146
　9.4　磨损系数分析 ……………………………………………………… 149

第 11 章　航空渐开线花键副微动磨损模拟试验及仿真分析 …………… 154

　10.1　试验装置及原理 …………………………………………………… 154
　　10.1.1　试验装置与试验件 …………………………………………… 154
　　10.1.2　试验原理及试验方案 ………………………………………… 157
　　10.1.3　试验步骤 …………………………………………………… 160
　10.2　摩擦因数分析 ……………………………………………………… 161
　10.3　磨损量及磨损系数分析 …………………………………………… 162
　10.4　磨损机理探讨 ……………………………………………………… 163

第 11 章　航空渐开线花键副振动检测试验 ……………………………… 168

　11.1　试验原理 …………………………………………………………… 168
　11.2　试验测试设备相关参数及说明 …………………………………… 169
　　11.2.1　设备参数 …………………………………………………… 169
　　11.2.2　电机速度控制 ……………………………………………… 170
　　11.2.3　扭矩控制和监测 …………………………………………… 171
　　11.2.4　试验数据采集和处理 ……………………………………… 173
　11.3　试验测试步骤 ……………………………………………………… 174
　11.4　考虑不对中时花键副的加速度 …………………………………… 176

参考文献 ………………………………………………………………… 179

后记 ……………………………………………………………………… 185

第1章　航空渐开线花键副研究综述

航空发动机的发展水平是一个国家综合国力、工业基础和技术水平的集中体现,是国家安全的重要战略保障。随着工业水平的提高、科学技术的进步以及经济实力的增强,国家对自主研制先进航空发动机的决心和需求有目共睹。由于先进航空发动机中的主减速器直接承受旋翼产生的全部作用力和力矩并传递给机体,因此其寿命与可靠性对直升机飞行安全具有极其重要的意义。美国在高速旋翼机传动系统研究(advanced rotorcraft transmission, ART)计划和21世纪旋翼机传动系统研究(rotorcraft drive system for the 21 century, RDS-21)计划中,都将主减速器的寿命和可靠性分析与设计列为关键技术。而渐开线花键副作为航空主减速器中的关键零部件之一,它的可靠性对动力传输系统的安全起决定性作用,故其精准设计对航空发动机的可靠性和寿命提升责任重大。

在航空动力传输系统中,按工作状态,花键副可分为固定式和浮动式两种。对于固定式航空渐开线花键副,其所受载荷取决于飞机的飞行包线,且又要在起飞、作战等工作状态时经历高转速、大功率甚至干摩擦(高温及润滑较差)等极端工况,所以导致花键副输入转矩具有交变性,该交变外载荷构成了花键副振动的外部激励(图1-1);同时,由啮合齿对数变化引入的综合啮合刚度时变性以及制造与安装引起的几何误差等构成了花键副振动的内部激励。这种内、外激励共同作用下花键副微动作用非常明显,并造成了严重的微动磨损失效。早在1974年,北约航空航天研究与发展咨询组(Advisory Group for Aerospace Research and Develop-

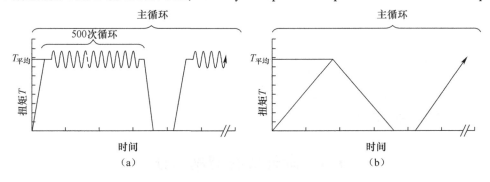

图1-1　航空渐开线花键副受载形式
(a) 简化前的扭矩形式;(b) 简化后的扭矩形式。

ment,AGARD)就专门针对各种飞机上的微动损伤情况召开过学术会议。1985年,英国也相继召开了微动磨损的国际学术会议。这充分说明了微动磨损失效在航空工业中的严重性和普遍性。但截至目前,尚未掌握航空花键副的微动磨损机理。

对于浮动式航空渐开线花键副,在实际工作过程中,一方面,航空渐开线花键副由于受载形式特殊、工作环境苛刻等条件影响,使得花键副呈现出的动力学特性加剧了航空传动系统振动和噪声的产生,严重降低了航空发动机系统的可靠性;另一方面,花键副在交变载荷和振动作用下使得原设计相对静止的两接触面产生了微幅运动,该微动作用会使花键副表面产生微动磨损,造成接触的键齿表面松动,增加能耗及噪声,或者由于微动磨损产生磨屑的聚集使得花键副咬死,不能正常运行,最终导致键齿强度降低,对连接可靠性造成危害,大大缩短了花键副使用寿命,降低了航空传动系统的可靠性,增加了停机时间和维修费用,甚至造成灾难性事故。且对于浮动式航空渐开线花键副,由于在设计时允许存在一定的轴向浮动距离,所以花键副在运行过程中存在相对轴向位移,但这种随机的轴向位移的浮动机理及由此导致的浮动式航空渐开线花键副磨损机理到目前为止还未被掌握。

据调研显示,在我国某直升机传动系统中,渐开线花键副作为转矩传输的关键件,使用中经常发生严重磨损。根据维修单位提供的以往该花键失效数据显示,由磨损导致的失效占90%以上,由断裂破坏引起的失效仅占10%左右。由此可见,航空渐开线花键副的磨损失效严重影响了航空飞行器的可靠性[1]。而随着渐开线花键在航空发动机中的应用越来越广泛以及先进航空发动机对其设计精度要求的越来越严苛,航空渐开线花键副系统在各种复杂环境因素作用下产生的磨损问题已成为航空发动机设计相关问题中必须解决的关键问题。但一个准确的磨损预估模型一定基于对其磨损机理的掌握,因此,理论结合试验开展航空花键副在复杂工况条件下的磨损机理,并基于该磨损机理建立普适性高的航空渐开线花键副磨损预估方法,最终结合理论及试验分析提出减磨、耐磨措施,对优化航空系统渐开线花键副参数、改善受载状况、提高耐磨性和可靠性、防范振动事故意义重大。

本章作为本书的第1章,在展开渐开线花键的磨损机理及磨损预估研究之前,首先对花键副的特点、分类、基本几何参数进行了介绍,接着对与航空渐开线的磨损分析紧密相关的动载荷分析、动力学分析、磨损仿真分析及现有航空渐开线花键磨损等方面的研究现状进行了详细阐述,并阐述了现有研究存在却又亟待解决的关键问题,最终展望了后续花键的研究方向。本章内容为本书后续内容提供了一定的研究背景和知识背景。

1.1 渐开线花键副概述

花键副是丹麦天科学家罗默于1674年首次提出的,当时采用外摆线作齿廓曲线,以使花键轴运转平稳,其在一定的行业和生产中发挥了重要作用。18世纪,随着工业的发展,花键副技术也高速发展,对花键副的研究也逐渐增加。1733年,齿廓啮合基本定律由法国数学家卡米首次提出;1765年,瑞士数学家欧拉提出齿廓曲线采用渐开线,渐开线花键副再次被提出;1899年,拉舍提出了变位齿轮的方案,提高了花键副的承载能力;1900年,普福特为滚齿机装上差动装置,采用展成法加工齿轮,滚齿机滚切齿轮得到发展,渐开线齿轮成为应用最广的齿轮,解决了高精度齿轮大量生产的问题。之后,渐开线花键副被用于各种精度和承载能力要求高的动力传输系统。

1.1.1 渐开线花键副的特点

渐开线花键是指键齿在圆柱或圆锥面上,且齿形为渐开线的花键,常用于连接轴与轴或轴与轴上零件,从而实现运动和转矩的传递。渐开线花键副由同轴的渐开线内花键与渐开线外花键装配组成,如图1-2所示。

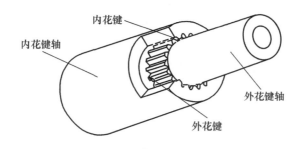

图1-2 渐开线花键副

渐开线花键副通常用于对轴与轴或轴和轴上零件之间的连接,从而实现运动和转矩的传递。与平键连接相比,渐开线花键副在强度、工艺和使用等方面具有独特优点。

(1) 因在轴与毂孔上匀称分布着多个键齿与键槽,因此受力较均匀。
(2) 因键槽较浅,齿根处应力集中小,因此对轮毂与轴的强度削弱较少。
(3) 键齿数较多,可承受较大的载荷;对中性好,能满足高速及高精度等要求。
(4) 导向性较好,可实现固定连接或浮动连接。
(5) 其键齿两侧齿廓为渐开线,采用齿侧定心,受载时有径向分力,能起自动定心作用,使各键齿受力均匀、寿命长、可靠度高。
(6) 加工工艺可采用齿轮的成熟方法进行,制造精度较高,有良好的互换性。

基于以上优点,渐开线花键副被广泛应用于航空、船舶、机床等对定心精度要求高、承载能力要求大或经常发生滑移的场合,尤其在航空航天领域中发挥了重大作用。在航空发动机中由渐开线花键将涡轮产生的大功率传递至压气机；涡轮盘也常用渐开线花键将扭矩传递至轴；渐开线花键也常应用于涡轮盘-轴和压气机盘-盘间的扭矩传递中；同时，通常还借助花键副来实现直升机涡轮轴发动机与直升机旋翼间的连接。例如，每台美国A-4"天鹰"攻击机就有174处花键连接，至今为止还没有任何一种比花键更优越的联轴器能得到军工标准的如此认可[2]。

1.1.2 渐开线花键副基本参数及其计算公式

在渐开线花键设计方面，存在国内标准和国外标准之分。这些标准中比较常用的主要有中国国家标准(GB)、国际标准化组织(ISO)标准、德国标准化学会(DIN)标准、美国国家标准学会(ASNI)标准、日本工业标准(JIS)、法国标准(NF)及AGMA-6123-C16等。这些标准有模数制的、径节制的、双径节制的，压力角有30°、37.5°、45°等，精度等级定义方法也不相同。各个标准里都规定了自己的渐开线花键基本几何参数的术语和代号，涉及了渐开线花键的参数设计、尺寸计算及承载能力计算等内容。标准不同，参数符号及类型就不同，渐开线花键设计及承载能力的计算方法也就不同。其中，圆柱直齿渐开线花键的中国国家标准和国际标准基本一样，且近些年，其他的标准均在向国际标准靠近。这里主要以中国国家标准为例来介绍渐开线花键的基本参数和尺寸公式，让读者从几何形状参数上对渐开线花键有一个基本了解。

渐开线花键基本参数、尺寸计算公式如表1-1及表1-2所示[3]。

表1-1 渐开线花键的基本参数

模数 m		齿距 p	基本齿槽宽 E 和基本齿厚 S	
第一系列	第二系列		分度圆压力角 a_D	
			30°①、37.50°②	45°③
0.25	—	0.785	—	0.393
0.5	—	1.571	0.785	0.785
—	0.75	2.356	1.178	1.178
1.0	—	3.142	1.571	1.571
—	1.25	3.927	1.963	1.963
1.5	—	4.712	2.356	2.356
—	1.75	5.498	2.749	2.749
2.0	—	6.283	3.142	3.142
2.5	—	7.854	3.927	3.927
3.0	—	9.425	4.712	—

续表

模数 m		齿距 p	基本齿槽宽 E 和基本齿厚 S	
第一系列	第二系列		分度圆压力角 a_D	
			30°①、37.50°②	45°③
—	4.0	12.566	5.498	—
5	—	15.708	6.283	—
—	6.0	18.850	7.854	—
—	8.0	25.133	9.425	—
10	—	31.416	12.566	—

注：① 30°压力角应用广泛，适用于传递运动、动力，常用于滑动、浮动和固定连接；② 37.50°压力角用于传递运动、动力，常用于滑动及过渡配合，适用于冷成型工艺；③ 45°压力角用于壁较厚足以防止破裂的零件，常用于过渡和较小间隙配合，适用于冷成型工艺。

表 1-2 渐开线花键尺寸计算公式

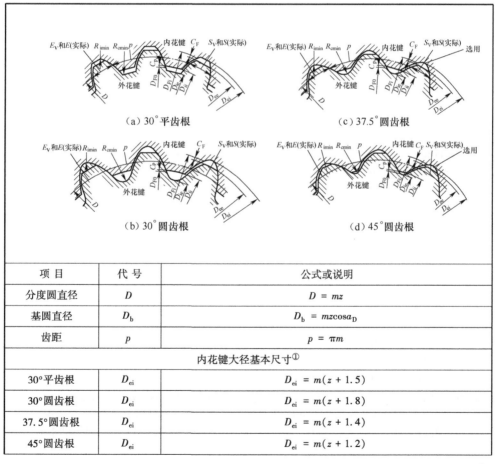

（a）30°平齿根　　（c）37.5°圆齿根
（b）30°圆齿根　　（d）45°圆齿根

项目	代号	公式或说明
分度圆直径	D	$D = mz$
基圆直径	D_b	$D_b = mz\cos a_D$
齿距	p	$p = \pi m$
内花键大径基本尺寸①		
30°平齿根	D_{ei}	$D_{ei} = m(z + 1.5)$
30°圆齿根	D_{ei}	$D_{ei} = m(z + 1.8)$
37.5°圆齿根	D_{ei}	$D_{ei} = m(z + 1.4)$
45°圆齿根	D_{ei}	$D_{ei} = m(z + 1.2)$

续表

项目	代号	公式或说明
内花键渐开线终止圆直径最小值		
30°平齿根或圆齿根	$D_{Fi\,min}$	$D_{Fi\,min} = m(z+1) + 2C_F$
37.5°圆齿根	$D_{Fi\,min}$	$D_{Fi\,min} = m(z+0.9) + 2C_F$
45°圆齿根	$D_{Fi\,min}$	$D_{Fi\,min} = m(z+0.8) + 2C_F$
内花键小径基本尺寸	D_{ii}	$D_{ii} = D_{Fe\,max} + 2C_F$ ②
基本齿槽宽	E	$E = 0.5\pi m$
作用齿槽宽	E_V	
作用齿槽宽最小值	$E_{V\,min}$	$E_{V\,min} = 0.5\pi m$
实际齿槽宽最大值	E_{max}	$E_{max} = E_{V\,min} + (T + \lambda)$
实际齿槽宽最小值	E_{min}	$E_{min} = E_{V\,min} + \lambda$
作用齿槽宽最大值	$E_{V\,max}$	$E_{V\,max} = E_{max} - \lambda$
外花键大径基本尺寸		
30°平齿根或圆齿根	D_{ee}	$D_{ee} = m(z+1)$
37.5°圆齿根	D_{ee}	$D_{ee} = m(z+0.9)$
45°圆齿根	D_{ee}	$D_{ee} = m(z+0.8)$
外花键大径上偏差		$es_V/\tan\alpha_D$
外花键渐开线起始圆直径最大值 ③	$D_{Fe\,max}$	$D_{Fe\,max} = 2\sqrt{(0.5D_b)^2 + \left(0.5D\sin\alpha_D - \dfrac{h_S - 0.5es_V/\tan\alpha_D}{\sin\alpha_D}\right)^2}$
外花键小径基本尺寸		
30°平齿根	D_{ie}	$D_{ie} = m(z-1.5)$
30°圆齿根	D_{ie}	$D_{ie} = m(z-1.8)$
37.5°圆齿根	D_{ie}	$D_{ie} = m(z-1.4)$
45°圆齿根	D_{ie}	$D_{ie} = m(z-1.2)$
外花键小径上偏差		$es_V/\tan\alpha_D$
外花键小径公差		从IT12、IT13或IT14中选取
基本齿厚	S	$S = 0.5\pi m$
作用齿厚最大值	$S_{V\,max}$	$S_{V\,max} = S + es_V$
实际齿厚最小值	S_{min}	$S_{min} = S_{V\,max} - (T + \lambda)$
实际齿厚最大值	S_{max}	$S_{max} = S_{V\,max} - \lambda$
作用齿厚最小值	$S_{V\,min}$	$S_{V\,min} = S_{min} + \lambda$
齿形裕度 ④	C_F	$C_F = 0.1m$

注：① 37.5°和45°圆齿根内花键允许选用平齿根，此时，内花键大径基本尺寸 D_{ei} 应大于内花键渐开线终止圆直径最小值 $D_{Fi\,min}$；② 对所有花键齿侧配合类别，均按 H/h 配合类别取 $D_{Fe\,max}$ 值；③ $D_{Fe\,max}$ 公式是按齿条形刀具加工原理推导的。式中 $h_s = 0.6m$（30°平齿根、圆齿根），$h_s = 0.55m$（37.5°圆齿根），$h_S = 0.5m$（45°圆齿根）；④ 除 H/h 配合类别 C_F 均等于 $0.1m$ 外（m 为模数），其他各种配合类别的齿形裕度均有变化。

其中,根据基本齿廓的不同,渐开线花键应用的场合不同。

(1) 30°平齿根,适用于壁厚较薄、不能采用圆齿根的零件,或者强度足够的花键,或者工作长度仅靠轴肩的花键。加工平齿根花键的刀具由于切削深度较小,因此拉刀全长较短,较经济,并已制造,故这种齿廓应用广泛。

(2) 30°圆齿根,比平齿根花键弯曲强度大(齿根应力集中小),承载能力较大,通常用于大载荷传动轴间的连接。

(3) 37.5°圆齿根,花键压力角和齿形参数恰好是 30°和 45°压力角花键的折中,常用于联轴器。其中,外花键用冷成型工艺(特别是在 45°压力角花键不能满足功能要求,以及轴材料硬度超过 30°压力角冷成型刀具所允许的硬度极限时)。

(4) 45°圆齿根,由于压力角大,故齿矮,弯曲强度好,用于壁较厚足以防止破裂的零件,适用于冷成型工艺。

1.1.3 渐开线花键副常规设计

1. 选择齿数

渐开线花键副齿数范围为 8~65(8,10,11,12,依次递增 2 齿直至 65 齿)。当模数确定后,从保证刀具切齿时能自由退出的条件出发,根据与齿槽形式的关系,可得最少齿数的计算公式如下:

$$z_{\min} = \frac{D_B}{m} + 2h_f^* \tag{1-1}$$

式中:D_B 为轴的外径;h_f^* 为齿根高系数,一般取 $h_f^* = 0.7$。

2. 确定渐开线花键副结合长度 l

渐开线花键副结合长度 l 由轴的扭转强度和渐开线花键齿的剪切强度等确定,认为渐开线花键危险截面在渐开线花键连接的平均圆直径 D_m 处,则渐开线花键副结合长度 l 由下式确定:

$$l = \frac{D_B^4 - D_1^4}{D_m^2 D_B} \tag{1-2}$$

式中:D_B 为轴的外径;D_1 为轴的内径。

结合长度 l 不宜过大,因为过大的结合长度会导致载荷沿渐开线花键副轴向分布不均匀程度大,一般取 $l = 0.5 D_m$。

3. 确定模数

渐开线花键的模数范围为 0.5~3.0mm(0.5,0.8,1.0,1.25,1.5,2.0,2.5,3.0),模数具体数值是根据强度条件确定的。

由式(1-1)或式(1-2)可得

静连接 $$m \geq \sqrt{\frac{2T \times 10^3}{\psi l z^2 [\sigma_p]}} \tag{1-3}$$

动连接
$$m \geq \sqrt{\frac{2T \times 10^3}{\psi l z^2 [p]}} \qquad (1-4)$$

另外,也可以依据载荷大致确定模数。例如,传递扭矩小于 1000N·m 时,m = 1.0mm;传递扭矩大于 1000N·m 时,m = 2.5mm。

4. 渐开线花键副的工程设计流程

采用工程法设计渐开线花键副,首先需要输入渐开线花键副的转速 n (rpm)和功率 P (kW),或者直接输入渐开线花键副的转矩 T(N·m),而且需要输入渐开线花键副的工作方式,即静连接或动连接;然后需要选择渐开线花键副材料和热处理方式,给定使用与制造情况,即不良、中等、良好;此后选择渐开线花键副的压力角和齿数;选择渐开线花键副结合长度系数;计算渐开线花键副模数,如果模数不满足要求,重新选择齿数或结合长度系数,直至满足模数范围要求;最后计算渐开线花键副的尺寸承载能力和磨损量。渐开线花键副工程设计流程框图如图 1-3 所示。

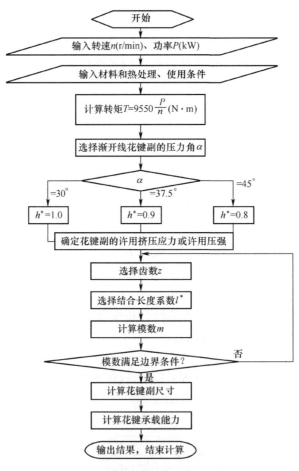

图 1-3 花键副工程设计流程框图

1.2 航空渐开线花键副磨损相关领域研究现状

随着先进航空发动机要求的越来越"严苛",航空渐开线花键副运行过程中呈现出来的磨损现象越来越突出,其磨损失效严重影响了航空飞行器的可靠性。故近10年来,针对航空渐开线花键副磨损的研究越来越多。以往,有关航空渐开线花键副磨损的分析主要以国外学者们的研究为主,但近年来,国产大飞机的设计研发,使得国内航空主减速器中的渐开线花键副的磨损研究越来越被重视。由于航空渐开线花键副的磨损与其所受动载荷大小之间的关系密不可分,因此进行花键副的动力学分析,进而获得其准确的动载荷数值是预估花键副磨损的重要基础。同时,磨损仿真是磨损预估的必要途径。本节主要针对以上问题与航空渐开线花键副磨损相关的研究现状进行分析,以便于读者对目前该研究方向的最新动态具有清晰的认识和了解,也为后续章节研究所用方法做好理论和背景铺垫。

1.2.1 航空渐开线花键副载荷分布研究现状

理想情况下,渐开线花键副的齿与齿之间不存在间隙,也不存在轮齿制造误差,所有的花键齿都均匀分布且齿厚相同,所有轮齿应均匀受载。然而,由于花键在初始设计时为了便于装配就设计有间隙,且花键齿的加工工艺和刀具及机床等产生的误差导致了花键的制造误差,使得花键副在啮合过程中参与啮合的齿数少于设计齿数,并非理想的每个齿均匀受载,由于不能准确估计花键副键齿的承载能力,花键传统设计方法设计出的花键副部件尺寸往往过大。同时,渐开线花键在传递转矩的过程中,其上各齿不可避免地会产生弹性变形,该弹性变形使得齿面接触应力发生变化,而不断变化的齿面接触应力是导致花键磨损的直接因素。因此,研究花键表面接触力学特性,进而有针对性地改善花键的键齿表面力学特性,对提高花键磨损寿命具有至关重要的意义[4-7]。

国外,Tjernberg 利用有限元法,计算了一对齿的渐开线花键副的应力集中系数,与数值计算结果进行比较,建立了研究轴向载荷分配情况及转矩传输情况的分析模型,得出沿轴向对花键齿进行修形可使花键副轴向载荷均匀分配[8-9]。Barrot 和 Paredes 等也对花键副轴向转矩传输情况进行了研究,得出在不改变花键轴齿根应力集中系数情况下,影响花键副磨损的主要因素是轴向转矩的分布[10]。Chase 等基于统计学建立了键齿的啮合模型来预估由齿侧间隙决定的花键齿啮合顺序,对花键副载荷与应力分配情况进行研究,得出只有部分键齿分配到了载荷,且最先啮合的齿承载的载荷最大[11-12]。Cuffaro 等采用数值分析模型及试验方法对花键副应力分布进行了研究,并用有限元仿真对其进行了验证[13]。Cura 等基于非有限元法建立了一种理论方法对具有偏移误差的花键副实际啮合齿数和载荷分配进行了研究[14]。Silvers等提出了新的花键副啮合顺序模型,推导出各齿齿侧间隙随着其平均值、标准偏差和偏态的分布情况,提出了一个较为深入的研究结果,验证了提出的新统计模型[15]。A. Barrot等建立了花键联轴器的抗扭刚度和截面惯性矩的分析方程,对花键的扭转力矩进行了推导并分析了花键联轴器的受力及轴向载荷分布状况[16]。W. S. Sum等证明了在非对称载荷下,用多约束点(multipoint constraint,MPC)细化局部网格的方法在花键有限元分析中是行之有效的[17]。S. G Liu、J. Wang等基于有限元法模拟计算了航空花键接头的接触状态,并通过试验进行了验证[18]。D. Mărgineanu等基于有限元法对纯扭矩作用下花键接头轴向载荷分布进行了分析,并将分析结果同试验结果进行了对比,最终理论结果与试验结果一致[19]。J. Hong等提出了齿轮-花键轴在扭转载荷、径向载荷和倾斜力矩共同作用下的有限元计算模型。该模型可以分析在纯扭转作用下花键联轴器、直齿轮和斜齿轮齿面的载荷分布[20]。A. Tjernberg建立了精确的应力集中系数分析方程,结果表明:花键轴经过加热淬火处理后可承受更高的应力,键齿轴向载荷分布会更加均匀,齿根处的应力得到有效减小[21]。

国内,彭和平等推导了花键单对齿的啮合变形和应力计算公式,并编制了反映花键承载能力与加工精度关系的程序,计算结果表明承载能力随花键加工精度的提高而增大[22]。王庆国等对花键的齿面接触应力进行了理论和仿真分析[23]。谭援强等建立了转角、径向及二者综合不对中条件下的渐开线花键副的有限元分析模型,研究了键齿的接触压力与齿间载荷分布情况。结果表明:转角不对中或径向不对中均能影响键齿的压力和载荷分布。但在二者共同作用时,径向不对中对齿间载荷分布的影响更为显著,而转角不对中的影响甚微[24]。耿开贺、贺敬良等基于有限元方法对扭杆花键的失效问题展开研究,分析了齿数、齿根圆角半径与花键疲劳寿命的关系[25]。魏延刚等在有限元软件中分析了盾构保险轴渐开线花键的应力分布情况,结果表明:渐开线花键受载时,沿齿向和齿廓方向的齿面接触应力分布并不均匀。对花键齿在齿廓和齿向两个方向的修形可以减轻齿面的应力集中和偏载情况,提高盾构花键的可靠性[26]。近几年,薛向珍和霍启新对航空渐开线花键副的载荷分布和分配进行了研究,研究中针对不同齿侧间隙、不同花键副扭转刚度、不同材料的剪切模量、不同剖面抗扭模量、不同花键副的结合长度以及考虑不对中及质量偏心分别对系统的载荷分配分布进行了分析,研究表明:当系统输入平均转矩不变的情况下,渐开线花键副的齿间载荷分配随动载系数增加越来越不均匀,且在不同花键副扭转刚度、材料的剪切模量、剖面抗扭模量以及花键副的结合长度时,花键副沿轴向的载荷均是越来越大的;同时,随着质量偏心及不对中量的增加,花键载荷分配变得越来越不均匀[27-29]。

以上对花键副键齿载荷分配情况以及轴向载荷分布情况的研究,为花键副的设计提供了一定的理论基础,但此类研究成果基本未考虑齿侧间隙且对花键单齿啮合刚度取某一经验值,这与花键副的实际工作情况不相符。

1.2.2 航空渐开线花键副系统动力学研究现状

航空渐开线花键副的磨损分析以其动载荷分析为基础。而如前文所述,航空渐开线花键的运行工况极其复杂,其所受载荷取决于飞机的飞行包线,且又要在起飞、作战等工作状态时经历高转速、大功率甚至干摩擦(高温及润滑较差)等极端工况,从而导致花键副输入转矩具有交变性,该交变外载荷构成了花键副振动的外部激励(图1-1);同时,由啮合齿对数变化引入的综合啮合刚度时变性以及制造与安装引起的几何误差等构成了花键副振动的内部激励。这种既存在极端工况,又受内、外激励共同作用导致航空渐开线花键副具有较复杂的非线性动力学特性,这种非线性动力学特性决定着花键所承受的动载荷大小及其变化规律。同时,优于航空渐开线花键副的微动运动正是由于花键副所具有的非线性振动产生的微幅振动导致的,其动载特性中的频率、振动位移等均与航空渐开线花键副的微动磨损失效密不可分。对航空渐开线花键副进行动力学分析,以此获得减振途径,也是航空渐开线花键副减磨耐磨的重要途径之一。故近年来该领域的研究也是越来越多。

国外,SuX等基于整体传递矩阵法(WTMM)建立了包含齿轮和花键(SGF)的耦合动力学模型,同时提出了一种考虑花键齿接触面分布力的啮合力数值计算方法,并利用WTMMR法分析了SGF的动态特性,以试验验证了WTMM和花键齿啮合力模型的正确性[30]。CuràF和MuraA用有限元方法研究了偏心角和传递扭矩的影响,提出了估算倾角力矩的理论模型,并将其结果与通过数值模拟获得的结果进行了比较[31],同时研究了不对中条件下花键齿上接触压力合力的位置[32]。GuoY等建立了一种新的分析齿轮联轴器模型,该模型考虑了负载扭矩、不对中和摩擦的影响[33]。CuràF、MuraA等基于非限定元素法开发了一套新的数学方法,该数学模型以迭代方法求解计算,可以确定平行不对中渐开线花键联轴器的受载齿数及载荷大小,所得结果与有限元法相比具有很好的一致性[34]。Walton提出了高速旋转机械轴花键联轴器动态特性研究第二部分的结果,研究了外力和频率对角刚度和阻尼系数的影响,角刚度和阻尼系数被用来进行线性稳态转子动力学的稳定性分析,计算了不稳定的固有频率,并与试验测量结果进行对比[35]。Kahraman在考虑齿侧间隙的情况下建立了渐开线花键副的动力学模型,推导出渐开线花键副齿侧间隙方程并建立了渐开线花键副动力学方程[36]。

国内,赵广、刘占生等推导了一种新的计算花键联轴器啮合力的公式,该公式表明花键联轴器的啮合力与其结构、传递扭矩、动态和静态不对中密切相关;同时将该公式代入花键-转子系统动力学方程中求解计算,模拟出不对中啮合力对转子-花键联轴器系统动力学的影响[37-38]。赵广、郭嘉楠等推导了含齿式联轴器的转子系统动力学微分方程,并对其动力学特性和稳定性进行了研究。研究结果表明:不对中的存在会使系统在一定程度上产生倍频振动,且随着不对中量增加,倍频振动幅值会相应提高;同时油膜振荡和齿式联轴器自激振荡的交替或耦合会对系统的稳定性造成影响[39]。李明,张勇等分析了对中和不对中两种工况条件下齿轮联轴器-转子系统的响应情况。发现当对中良好时,响应频率以工频和衰减振动频率为主;对于对中较差的轴系,扭转振动的频谱呈奇数倍频状态,而弯曲振动的频谱则为偶数倍频状态[40]。龙鑫推导了不对中量与齿式联轴器径向受力之间的公式。该公式表明在运行过程中齿套质量偏心造成的离心力和各齿因受载不同产生的径向分力会共同作用于花键联轴器;同时龙鑫将该啮合力公式引入不对中齿式联轴器所在转子系统中,研究发现弯曲振动和不对中会使系统出现倍频振动,其中弯曲振动的响应频谱以一倍频、二倍频为主,不对中则会引发偶数倍频的振动,并以二倍频的振动分量最大[41]。何成兵、顾煜炯等分析了齿式联轴器及其连接转子系统的不对中(包括平行、偏角及平行偏角组合不对中)问题。结果表明:弯振与扭振在振动过程中互相影响。在弯振频率中,工频和二倍频等占据主导地位,其中不对中量主要影响二倍频,质量偏心影响工频。而弯扭耦合的频率分量除了一倍频占主导,还包含二倍频、三倍频等多阶谐波扭振频率[42]。付波、周建中等研究了平行不对中对固定式刚性联轴器的影响,仿真计算表明:转子的质量偏心使得系统的振动呈现出弯扭耦合形式,其中工频成分在弯振中占主导,随不对中增加而增大[43]。

薛向珍和霍启新对航空渐开线花键副的非线性动载响应进行了研究,研究了考虑不对中及质量偏心的系统非线性动载响应变化规律。研究结果表明:随着质量偏心及不对中量的增加,花键系统非线性动载响应变得越来越不稳定[44-46]。

综合本节花键相关研究文献分析结果可得:从研究对象上而言,现有国内外关于花键副的研究大部分集中在联轴器方面,而花键结构不仅仅用在联轴器上,在其他传动领域也有广泛的应用,关于这些方面的振动研究十分稀少;在考虑不对中的情况下,分析套齿联轴器对于系统动力学的影响时,大部分人侧重的研究对象主要有三个,即轴1-套齿联轴器-轴2。与其他种类的联轴器研究相同的是,这种模型系统考虑了不对中情况下联轴器外壳对于两段轴的强迫约束作用。如果对于非套齿联轴器的研究对象,即仅仅具有花键副结构而无联轴器外壳,该模型便不再适用,且以上的研究中对花键副具体动载系数的准确计算方法及其特性的研究也不够全面,考虑渐开线齿形的航空花键副非线性动力学特性的研究几乎没有。

从研究的方式和内容上而言,若排除套齿联轴器这一研究对象,单纯的花键副研究多集中在接触力学和磨损方面,且这方面的研究较多地借助有限元软件进行仿真,对于动力学理论模型方面的分析和阐述稍显不足。目前研究需针对前人没有涉及的仅具有花键副结构的研究对象开展研究,建立其系统动力学模型,并对各单齿受载情况也进行分析,与前人在有限元软件仿真所做的工作形成互补,所得结论适用于内、外花键之间相对约束较弱或无约束的情况。

1.2.3 磨损仿真技术研究现状

磨损仿真是指将有限元仿真分析方法或数值计算模型应用于摩擦磨损领域,对指定的需要计算的模型磨损量的仿真计算的方法,目前在工程领域已得到了广泛的应用,为零部件提前预测工作状态和磨损寿命提供了一种新的方法。航空渐开线花键副的磨损预估也主要靠磨损计算模型和磨损仿真技术相结合实现。

国外已有诸多将数值仿真技术应用于摩擦磨损领域的研究成果。Andersson 等使用 Winkler 弹性方程对直齿圆柱齿轮的数值模型进行模拟分析,得到直齿圆柱齿轮间的接触应力,借助 Archard 磨损方程对磨损量进行预估计算[47-48]。Kim 等采用有限元法对摆动金属摩擦接触对进行分析,将整个磨损过程分成各个阶段,采用改变结点坐标的方式模拟接触表面发生的材料损失过程,通过仿真预估结果与试验数据的对比分析证明了该方法可以很好地对材料表面磨损量进行预估[49]。Andersson 等对考虑表面粗糙度的圆锥形旋转副分别采取有限元法与数值法进行计算,在数值法计算不考虑弹性变形对接触对的影响的情况下,接触对若为连续的,则数值法与有限元法的结果较为吻合;接触对若为非连续的,则数值法与有限元法的结果不能吻合,从而得出接触对的连续性对数值法的计算结果准确性有很大的影响[50]。Cruzado 等借助有限元软件 Abaqus 分析了钢丝绳索的受载过程,同时在网格模型的离散与结点步长的调整方面进行了深入研究,大幅提升计算效率的同时,通过试验验证的手段对其使用的有限元法作出了验证[51]。Paulin 等将借助重新划分有限元模型局部网格来调整结点位置的方法应用于对钛合金试验件的微动磨损有限元分析中,模拟了接触表面所发生的动态材料损失的过程,并用试验进行验证[52]。Bajpai 等借助 Archard 磨损方程对一对齿轮动态啮合过程产生的磨损量采用数值法进行分析,并借助试验验证了其数值法模拟的可行性[53]。Leen 等使用有限元软件对花键微动磨损进行模拟,提出了有限元软件中调整网格结点坐标的程序化方法,并用试验结果对仿真计算结果进行验证,证明了对花键微动磨损的仿真分析可以通过调整网格结点坐标的方式准确进行模拟[54-56]。Weatherford 等分别在多种复杂的外界条件下借助摆动运动对不同材料配对的渐开线内外花键的角度偏差进行仿真,探究了复杂的外界因素对渐开线花键副磨损的作用规律[57]。Baker 等借助有限元法分析了直齿花键副上的等效应力的大小与其所受的轴向载荷和所受弯扭作用等载荷的关系[58]。Leen 等对斜齿花键副在轴向载荷与受弯扭作用下时的接触特性与摩擦特性分析研究,但研究的局限性在于仅考虑了影响磨损的几个基础性的因素,未对如何计算花键副磨损加以详细说明[59]。Medina 等从边界有限元法的角度出发,对花键副接触应力与相对滑移这两个影响磨损量大小的参数与载荷、偏心误差等因素的关系[60]。McColl 等对航空发动机中的销盘结构的微动磨损借助 Archard 修正方程在有限元软件中进行模拟研究,并设计试验对摩擦磨损系数进行测量[61]。Ding 等以 McColl 试验中测得的摩擦磨损系数为基础参数,预估了指定工作条件与几何尺寸下渐开线花键副的磨损情况[62]。Hyde 等尝试以形状相似而又简单易制的试验件代替真实的渐开线花键副来进行微动测试,这种思想解决了一直以来花键副试验成本高,加工复杂等难点[63]。Madge 探究了微动疲劳与微动磨损之间的关系并提出了相关理论[64]。

国内,胡正根等对渐开线花键副的啮合过程进行有限元仿真分析,将有效接触长度、摩擦系数及花键壁厚等有关因素加以考虑,计算出渐开线外花键齿面接触应力与相对滑移距离并探究两者在齿面上的分布规律。得到了花键副两轴端处的接触应力较大,因此不能靠提高花键副有效接触长度的方式来提升花键副的均载系数的结论[65]。宋子林基于有限元软件 Abaqus 和 Archard 磨损计算模型提出了一种快速计算花键副表面磨损量的方法,同时对过盈配合下的渐开线花键齿面磨损进行探究,为花键副的抗磨损抗疲劳优化设计提供了参考[66]。

Archard 磨耗方程:
$$h(x) = 2ks(x)p(x) \tag{1-5}$$
式中:$h(x)$ 为磨损深度;k 为磨损系数;$s(x)$ 为相对滑移距离;$p(x)$ 为相对接触应力。

现有航空渐开线花键副磨损仿真方面的研究主要集中在静态磨损仿真上,在静态磨损仿真方面,基本已取得较为成熟的磨损仿真计算流程方法。而磨损是一个动态的过程,静态的磨损仿真只能说明在某一时刻磨损的分布情况,如果要得到较为准确的磨损预估方法,就需要对整个磨损寿命周期内的航空渐开线花键副进行磨损动态仿真,从而实现准确的磨损预估,为航空渐开线花键副的设计提供可靠的参考和反馈。这是目前仍然在探索的一个方向。

1.2.4 航空渐开线花键副摩擦磨损研究现状

以上航空渐开线花键副动载荷分配、分布分析、动力学分析以及磨损仿真分析均是为了获得较为准确的、普适性高的航空渐开线花键副磨损预估方法。而目前针对航空渐开线花键副磨损的研究也不少[67-68]。

国外,Weatherford 等提出了一种模拟有偏差的花键副磨损过程的试验方法。该方法在所加载转矩的影响下,采用了以摆动运动模拟角度偏差的配对材料副,对这些材料副分别处于干燥环境、湿润环境、有润滑或无润滑等各种不同工况下的磨损量进行定量检测,研究了不同环境及不同润滑条件对其磨损量的影响[69]。该研究没有从微动角度去对这些因素对花键副材料磨损的影响进行分析。Baker 采用有限元软件对受轴向载荷、转矩以及弯矩共同作用下的直齿花键副的等效应力进行了计算分析[70]。Leen 等考虑了轴向载荷和转矩载荷作用时基于有限元法对斜齿花键副的摩擦接触进行了三维研究,研究并分析了齿廓修形后对花键齿表面接触应力、滑移距离及花键齿的摩擦因数产生的影响。该研究是对计算磨损所需要的基本要素进行计算分析,只考虑了轴向载荷和转矩载荷的作用,且未对如何计算花键副磨损给出完整的过程[71]。Medina 等基于边界有限元法对花键副的弹性接触模型进行了研究,探索了大范围的设计参数及转矩、偏心误差对花键副的接触压力和滑移距离分布的影响[72]。McColl 基于修正的 Archard's 方程提出了一种计算微动磨损的有限元法,并利用摩擦磨损试验测定了摩擦因数和磨损系数[73],但其模拟的是用于航空传动系统部件的销-盘结构的微动过程,而非航空花键副的微动过程。2003 年,Ding 等也基于修正的 Archard's 方程提出了一个数值方法,用来仿真计算部分滑移和完全滑移状态下的销-盘微动磨损,不但计算了表面接触压力和滑移距离,还计算了次表面接触压力[74]。2007 年,Ding 以该试验提供的摩擦因数和磨损系数为基础,对给定工况及几何参数下的航空花键副的微动磨损进行了预估,并对不同情况下的滑移距离及接触压力进行了分析。阐明了微动磨损仿真工具基础上采用有限元法进行微动磨损计算的可行性和困难[75]。该研究为航空花键副的微动磨损研究奠定了良好的基础。Ratsimba 对花键副的微动磨损提出了一种预估方法,并进行了验证,得出少量润滑油情况下的磨损情况要比不加润滑油的好,最后利用 Archard 模型计算了磨损深度[76]。Hyde 等提出了用简单的、有代表性的试样来取代花键副模拟微动试验条件。该方法的提出使得花键副的微动磨损、微动疲劳预估变得简单可行[77]。Madge 则针对微动磨损对微动疲劳的主要影响进行了研究[78]。

国内,胡正根提出渐开线花键副齿向修形的分段抛物线函数,建立了其几何模型,并对修形量和修形位置对齿向修形渐开线花键副微动磨损参数的影响进行了研究分析[79]。薛向珍以 18CrNi4A 和 32Cr3MoVA 两种航空材料为研究对象,进行了摩擦磨损试验及微动磨损试验,揭示了航空渐开线花键副的磨损机理,并对花键副微动磨损量进行了预估,为设计高可靠性、高精度、高性能的渐开线花键副提供了理论依据,也为花键副的维修提供了可靠的参考价值[80-84]。

1.3 现有研究存在及亟待解决的问题

通过对以上渐开线花键副相关领域研究文献的分析可以得出,虽然国内外学者已在花键副磨损、摩擦、寿命等方面做了大量研究工作,但目前研究工作中仍然存在如下的问题:

(1) 航空渐开线花键副摩擦、磨损试验平台建立的合理性。航空渐开线花键副结构复杂,工况特殊,工作环境非一成不变,加上自身运行时啮合情况复杂,接触面不仅有正应力和弯曲应力,还有剪应力,磨损速度也非一日即成,欲还原真实情况进行试验需投入较大人力、物力、财力。故不论国内外其他学者还是本书作者之前的研究中,涉及的试验方案大多以销-盘材料副形式提出,这种降低难度的"简化"分析过程,使得研究结果有待进一步探讨。虽有极少数研究以渐开线花键副为试验对象,但限于其制造成本较高导致试验样本率较低。

(2) 未考虑航空渐开线花键副非线性动力学对其磨损的影响。目前,国内外有关花键副动力学方面的研究还微乎其微,鲜见考虑航空渐开线花键副非线性动力学的影响进而研究其磨损行为方面的成果。已有单独讨论渐开线花键副动力学的文献中,也仅直接取单齿刚度为经验值,视花键副综合啮合刚度为恒值,齿面所受动态力没有准确的计算方法,同时,航空渐开线花键副的实际啮合齿对数与理论啮合齿对数是不相符的,实际啮合齿对数会随外部载荷和齿侧间隙的变化而变化,导致啮合刚度具有时变性,从而导致航空渐开线花键副具有复杂的非线性动力学特性,这种动力学特性加剧了航空渐开线花键副的磨损失效过程,且动载荷是花键副设计和优化的关键内容,也是准确预估航空渐开线花键副磨损的重要基础。故为了提高研究结果的准确性,需考虑航空渐开线花键副非线性动力学对其磨损的影响。作者虽在前期对此工作做了部分研究,但所建非线性动力学模型为纯扭转动力学模型,与实际振动模式存在差异,研究结果在准确性上还难以满足先进航空发动机严苛的技术需求。

(3) 缺乏成熟的航空渐开线花键副磨损机理及普适性高的磨损预估方法。基于航空渐开线花键副自身工况特殊及非线性特性复杂性,其磨损机理研究几乎没有进展,这使得此类研究所蕴含的摩擦、磨损现象的科学本质及理论迄今仍处于发展成长阶段,也加剧了航空渐开线花键副磨损预估方法的不确定性,从而导致促成航空渐开线花键副精准设计指导准则产生的研究成果的欠缺,致使已有方法在航空发动机的设计中难以被重视,所蕴含科学问题的研究进展也举步维艰。而由于试验条件有限,作者前期仅对固定式航空渐开线花键副的微动磨损机理进行了研究,并建立了微动磨损预估模型,且模型中涉及的系数均采用近似值,并未涉及浮动式航空渐开线花键副磨损机理研究及磨损预估模型的建立。

(4) 花键副的不对中问题。花键副在对中情况下运行时,各键齿受力均匀,花键副运行平稳。但是在研究中发现,内、外花键轴在安装时存在不对中现象,或运行之前是对中的,运行过程中由于受热、受载及基础变形等原因,产生了不对中,加之制造误差导致的质量偏心和齿侧间隙等,会不同程度地造成花键轴的弯曲以及在花键轴上产生附加载荷,引起航空渐开线花键副系统强烈的弯-扭耦合非线性振动。基于此,花键副不对中问题的研究对于指导航空花键副设计与优化花键副的工作环境具有重要意义。

(5) 花键副的润滑问题。花键工作温度的提高会导致润滑脂过早熔化或耗散,或者导致润滑油的输油系统温度提高,但不是所有的地方都能适应润滑油温度的进一步提高,可能致使其他地方出现新的问题。诸如润滑的任务、材料、表面处理、花键基材、表面硬度、工作温度等诸多因素,使得花键交界面润滑问题变得更加复杂。此外,花键中循环应力、振动摩擦产生的热量会分解掉一部分润滑脂/润滑油,使润滑效果下降,导致侵蚀和疲劳损伤更早出现。研究发现,润滑的方式、润滑种类、润滑的结构等都对航空渐开线花键副的磨损有着重要的影响。据此,花键副的润滑及润滑导致的一系列问题,仍是正在发展中的课题,需要随着航空发动机的发展而不断进行研究工作。

(6) 基于磨损故障自诊断的航空渐开线花键副的维护问题。渐开线花键副是航空附件传动系统的核心部件之一,其性能和寿命直接决定整个附件传动系统甚至整机的寿命和可靠性。然而由于同时受内、外激励,加之其运行工况较为严苛,也受结构特点(尾轴变形需设计有齿侧间隙和浮动距离)的影响,导致航空花键副系统磨损故障率居高不下,严重影响我国先进发动机的发展进程。为了提高航空发动机的推重比,商业压力迫使设计人员减轻包括花键在内的发动机零部件重量,降低发动机的制造成本,为了不危及发动机安全,需要准确预测和评估花键的磨损和疲劳问题,及时进行维修保养。此外,还需要考虑花键制造成本降低导致的其他问题,如表面光洁度降低导致的摩擦和发热加剧等。成本降低也可能导致发动机维护或清洁不当,增加微粒污染的风险,在世界范围内,飞机发动机污染是一个具体问题,在润滑油输油系统中污染可以快速导致轴承和花键失效。故渐开线花键副系统磨损状态的在线监测具有至关重要的作用。目前针对磨损故障自诊断的技术已基本成熟。但对于航空渐开线花键,由于其工况复杂,影响其磨损的因素较多且又互相耦合,要找到一个与其相匹配的磨损故障诊断方法,也是科研工作者在该领域需要致力的一个方向。

(7) 新型花键副的设计与研制。设计研制新型的花键副对于适应复杂的航空工况,提高花键副的可靠度具有重要意义。鼓形花键能够补偿被连接两轴之间的径向位移和角位移造成的安装偏差,具有定心好、受力均匀、运转平稳、工作可靠、承载能力高和寿命长等优点,但其接触面积较小、载荷较大,如果设计不好,花键齿累积误差则会加大载荷分布的不均匀性,容易造成支承表面磨损,导致鼓形区域被损坏。因此,在鼓形花键的齿廓形状修形和加工技术方面的研究还需继续深入。此外,花键段最大应力与花键套的材料选用有很大关系,在新型材料方面的研究,不拘泥于金属材料,进一步减轻转子零部件重量,提高航空发动机推重比。选用优良的花键副材料,探索适合花键副的新型材料,从而提高花键副的耐磨性、刚度等,可以在保证花键副性能的情况下,实现花键副具有更好的性能指标,进一步可以提高航空机械的总体性能指标。

航空发动机的发展正趋向于更高的能量转换率、更大的驱动力、更长的耐久度,要努力实现这些目标,对于航空花键,延长使用寿命、预估其使用寿命仍然是花键研究的主要追求目标,而磨损、耐磨、润滑、散热是这一领域持续的、开放的研究课题。目前为止,基于航空渐开线花键副自身工况的复杂性,其磨损机理研究几乎没有进展,这使得此类研究所蕴含科学本质及理论迄今仍处于发展成长阶段,也加剧了航空渐开线花键副磨损预估方法的不确定性,从而导致促成航空渐开线花键副精准设计指导准则产生的研究成果的欠缺,致使已有方法在航空发动机的设计中难以被重视。而磨损的损害很难察觉,严重影响航空花键副使用过程中的稳定性、安全性及可靠性。据此,针对以上存在问题,本书作为航空渐开线花键副类的第一本专著,对上述问题中的部分问题的探索性研究方法、过程和结论进行介绍,后续专著还会针对目前正研究的航空渐开线花键副磨损状态在线监测方法、磨损故障自诊断技术、残余寿命预估方法、花键副系统服役性能综合评价体系以及新型花键副的研制结果进行介绍,从而从根本上解决航空渐开线花键副磨损的难题,为我国先进航空发动机的研制提供方法和理论参考。

第 2 章 航空渐开线花键副磨损原因分析

影响花键副磨损的因素非常多,从内在因素来说,有齿侧间隙、径向顶隙、接触长度、制造误差等,从外在因素来说,有输入载荷、工作环境、润滑、安装不对中、设计的浮动距离等。这些因素不同程度地对航空渐开线花键副磨损产生一定影响,促使磨损产生和加速磨损发展。本章首先针对航空渐开线花键副工况及工作特点进行分析,阐述航空渐开线花键副的结构特点;然后,分析花键副磨损的原因,具体针对不同结构形式的花键副分析了造成其磨损的主要原因;最后,探索径向间隙、侧隙、平行度、接触长度、花键壁厚、摩擦因素、齿向修形、润滑、不对中、振动及浮动距离等对航空花键副磨损的影响规律。

2.1 工况分析

渐开线花键属于齿式联轴器的一种,用于连接两轴或轴和回转件,是在传递运动和动力的过程中共同回转而不脱开的一种装置,它把扭矩、力和力矩等动力由驱动部件传递给被驱动部件。在航空发动机附件传动系统中,渐开线花键经常被用于附件传动机闸与航空附件之间的动力传输,或以传动杆的形式在两传动机闸之间传递动力。

直升机动力轴组件位于发动机与主减速器之间,左右两组对称安装,包括动力轴、轴套及万向节等主要部件。动力轴的主要功能是把发动机的输出功率传递给主减速器,再分配至升力系统;轴套和万向节则负责连接发动机和主减速器,为动力轴提供稳定的工作环境。动力轴的主减速器端与减速器转子通过膜片连接,发动机端采用鼓形花键(图 2-1、图 2-2)与发动机的内花键对接,鼓形花键与其他普通花键相比,除具有传递扭矩、允许轴向补偿之外,还具有角向补偿范围更大的优点。

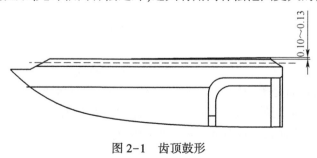

图 2-1 齿顶鼓形

图 2-2 齿侧鼓形

动力轴组件的振动和载荷环境是非常复杂的,工作时轴套和万向节除承受发动机引起的振动载荷之外,还参与平衡旋翼产生的反扭矩和一部分主旋翼桨毂力矩引起的航向载荷,而动力轴则以高速旋转传递发动机扭矩。为了减小动力轴和发动机的内、外花键间出现微动磨损,内、外花键间除周向啮合运动之外,应避免出现轴向相对运动。实际工作时,轴套和万向节的变形或动力轴轴向惯性载荷大于花键啮合法向载荷产生的摩擦力时,都会导致内、外花键间在轴向存在一定的相对运动,因此,在设计上,轴套和万向节的刚度应该足够大,保证发动机和主减速器间的刚性,限制动力轴的轴向自由,同时还应采取高效的减振、隔振措施,将系统的航向、侧向、垂向振动幅值控制在较小的范围内,降低动力轴自身的惯性载荷。

航空渐开线花键副在工作过程中主要承受的负载如下[85]。

(1) 离心力:主要取决于旋转速度。

(2) 恒定扭矩:在电动马达、涡轮机,以及各种平稳的扭矩吸收负载(驱动)上的光滑的非脉动转矩。

(3) 周期性扭矩:扭矩循环脉动。

(4) 附加循环扭力:加工不完善的驱动部件(特别是传动装置)和旋转驱动部件不平衡所造成的。

(5) 峰值扭矩(短暂):起始条件下,瞬间冲击振动或过载所造成的。

(6) 冲击扭矩:系统松动或反弹功能,一般来说,弹性联轴器有内在的反弹。

(7) 不对中负载:所有挠性联轴器在不对中时,自身产生交变或稳定力矩。

(8) 共振:任何受迫振动载荷,如循环或不对中载荷,其频率可能与轴系或任何零部件的固有频率一致,激发共振。

2.2 工作特点分析

花键副的工作特点主要取决于两个零件的同轴度。当两个零件的轴线重合时,齿的渐开线表面是等距的,因为它们是在同一基圆上形成的。这样,扭矩作用时,工作一侧的齿形间的所有点都进入接触,而与齿之间的初始间隙无关;非工作一侧的齿形间的所有点都具有同样的法向间隙 j_n。

两个零件的轴线如果平行偏移一个值 Δa，花键副的工作特性和齿的接触状态就会发生剧烈的变化，在这种情况下，只有坐标角 φ_i 处在渐开线展角 θ 的那些齿形点才进入接触，如图 2-3 所示[86]。

其余齿将产生间隙，间隙值为

$$j_{ni} = \Delta a [1 - \cos(\varphi_i - \theta)] \quad (2-1)$$

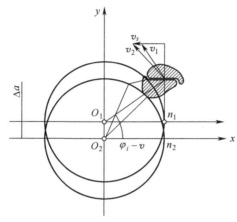

图 2-3 内、外花键轴线发生径向偏移时齿的接触情况

当轴线发生径向偏移时，齿形所有点上齿的滑动速度 v_s 相同，其值为

$$v_s = \Delta a \omega \quad (2-2)$$

式中：ω 为花键轴的角速度。

当轴线发生歪斜时，齿面点间的滑动速度的计算如下：

$$v_{sx} = \omega_1 \gamma z_k, \ v_{sy} = 0, \ v_{sz} = -\omega_1 \gamma x_k \quad (2-3)$$

式中：γ 为轴线歪斜角；ω_1 为花键轴角速度；x_k、z_k 为齿接触点坐标，要根据齿和连接零件的变形来确定。

在实际计算过程中，也可按下式计算花键表面的滑动速度：

$$v = \frac{\pi D_m n}{60} \gamma \quad (2-4)$$

式中：D_m 为花键连接件的平均直径，对渐开线花键取分度圆直径；n 为花键轴转速（r/min）；γ 为花键连接件旋转轴线的偏斜角度（rad）。

2.3 结构特点分析

在航空产品中，渐开线花键副应用十分广泛，在直升机和战斗机各个关键部件中均有涉及。美国亚利桑那州州立大学航天工程学院的 Kececioglu 教授所作的报告中显示,近200个各型花键连接使用在包括黑鹰直升机在内的各种多发动机飞机上,并在传动系统中起至关重要的作用。此外,在航空均载机构中,渐开线螺旋花键连接运用广泛,直齿轮通过螺旋花键与人字齿轮轴连接,通过调节开口薄垫片,实现齿轮的轴向微调,从而消除不同步啮合,实现两分支受载荷均匀。另外,它还使整个机构可同时承载扭矩和轴向力,提高了其整体性能。

在直升机减速器中,广泛采用分度圆压力角为30°侧面定心的渐开线花键。其齿底可加工成平根,也可以加工成圆根,对于重要部位的高强度花键连接则采用圆根。键齿齿数一般为10~50个,但也有某些直升机旋翼轴花键齿数达104个。

外花键用铣削或插齿法加工。对高精度连接花键,其中包括渗碳或氮化处理的花键,可采用磨齿或剃齿作为最终加工工序。对内花键则采用拉削或插齿的方法加工。在设计零件时必须给出刀具的退刀槽。

按工作状况,花键连接可分为固定式和浮动式两种。固定式花键连接的两个零件相对在轴向和径向方向上是固定不动的,以便传递两个零件的扭矩。在这种情况下,零件靠圆柱形配合表面定心,并用专用的螺帽,通过压板将一个零件的端面压紧到另一个零件的台肩上(图2-4)。

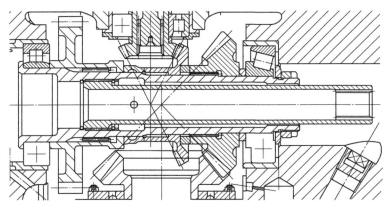

图 2-4 固定式花键副

浮动式花键连接(图2-5)在传递扭矩的同时,允许一个零件相对另一个零件有一定的角向和轴向位移。此时,采用齿侧面定心。花键连接应具有一定的齿侧间隙,以便在所要求的角向位移内花键端部不卡住。对浮动式花键连接的挤压许用应力明显小于固定式花键连接的挤压许用应力。而对固定式及浮动式花键连接,在保证连接工作能力的条件下,花键长度应该尽可能地取最小值。花键长度过长会由于齿向误差而使载荷沿齿长方向分布的不均匀程度增大。实际上,不采用 $l/d > 1.2$ 的花键连接。

在某些情况下,当花键长度足够长时,为了改善载荷沿花键长度分布状况,根据在扭矩作用下轴的扭转情况,可以在其中一个共轭零件上,沿花键方向预先形成一定

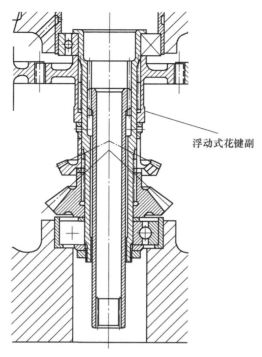

图 2-5 浮动式花键副

偏差,从类似目的出发,可采用沿花键长度壁厚变化的轴。浮动花键连接经常采用分度圆压力角为 20°的全齿形的齿,这样可以缩短花键的长度。为了增大花键连接时的允许扭角,轴上的花键应进行纵向修形(鼓形)。浮动花键连接需要润滑,润滑油可采用喷射的方法供给花键。在花键连接处设计收油槽取得了良好的润滑效果。

同时,为提高花键的工作性能,工程上一般采用以下方法:
(1)采用硬齿面花键,齿面硬度达 50~60HRC;
(2)在外花键(或内花键)齿面喷涂、镀中介材料;
(3)采用强制润滑;
(4)提高花键精度;
(5)选用大模数花键,防止断齿;
(6)采用磁流探伤、酸洗等无损检测。

2.4 磨损原因分析

2.4.1 花键副磨损原因分析

导致花键副磨损失效的原因很多,《花键承载能力计算方法》(GB/T 17855—

2017)指出渐开线花键齿面耐磨损能力与齿面压应力及齿面磨损许用压应力相关。其中,齿面压应力 σ_H 可按式(2-5)计算:

$$\sigma_H = \frac{2000T}{D_m Z \cos\alpha_D h_w l} \tag{2-5}$$

式中:T 为花键传递的扭矩(N·mm);D_m 为渐开线花键的平均直径(mm);Z 为花键齿数;l 为花键的有效啮合长度(mm);α_D 为渐开线花键的压力角(rad);h_w 为花键的工作齿高(mm)。

齿面压应力主要与传动系统外部因素引起的动力过载、齿距累积误差(分度误差)导致的各花键副理论侧隙(单齿侧隙)及单齿载荷分布不均、花键副制造时地齿向误差和安装后的同轴度误差,以及受载后扭转变形导致的各键齿沿轴向所受载荷不均有关。而齿面磨损许用压应力则主要取决于花键材料及其表面热处理共同决定的齿面硬度。航空发动机动力传输系统的连接花键通常在高转速、大功率、工作状态变化范围大且无喷油润滑等复杂苛刻工况下工作,因此导致花键副齿面磨损的原因更加复杂。

对于航空渐开线花键副,可能导致其磨损的原因具体有以下几个方面。

1. 径向间隙和侧向间隙

不同径向间隙的花键连接,在同一工作时间下其磨损程度是有显著差异的。

侧向间隙是花键连接中的又一几何参数。渐开线花键的作用侧隙体现了内、外花键的真实配合状态,数值上等于内花键作用齿槽宽减去与之相配合的外花键作用齿厚。过小的作用侧隙,使内、外花键失去对装配误差的补偿能力,造成花键副的带应力安装,直接导致花键齿面早期磨损。过大的作用侧隙使合齿面在发动机及传动附件状态变化时存在较大冲击载荷,由此产生的挤压应力远远超过附件工作扭矩产生的挤压应力。

2. 角向及平行不对中

角向定线不准对花键磨损的影响极为显著。随着定线不准程度的增大,磨损率以指数关系迅速增大。花键副轴线不平行度增加,将导致花键连接的磨损急剧增加。由于内、外花键通常直接加工在需连接的两个对偶转动件上,因此内、外花键的不对中问题可等效为转子的不对中问题。转子不对中通常是指相邻两转子的轴心线与轴承中心线的倾斜或偏移程度,包括平行不对中、倾角不对中及平行倾角不对中 3 种形式。工作中,内、外花键不对中可导致扭矩异常波动、形成附加轴向力,甚至是传动轴及附件传动系统的异常振动,并最终导致花键啮合齿面的异常接触、摩擦及滑移;同时,会引起花键连接的同心度偏差,而同心度偏差是引起驱动轴早期断裂和花键齿严重磨损的主因。

由于附件传动系统结构复杂、连接件较多且工作状态复杂多变,所以其内、外花键的不对中问题又可分为静态不对中和动态不对中两类,通常由如下因素造成:

①相关连接件过多导致累积公差过大;②安装附件的螺栓预紧力不合适导致附件固定不稳;③装配工艺不当,导致附件或传动部件的偏心安装;④工作状态下相关零部件之间的热变形不协调;⑤附件传动机匣壳体或连接件的刚度不足导致静态变形较大;⑥外部管路的带应力安装形成附加载荷且工作时管路内液体的流动进一步增大动负荷。

3. 润滑

在渐开线花键工作过程中,由于飞行工况、附件载荷的持续变化及对偶件振动的影响,导致啮合齿面间不断接触、磨擦和滑移,产生了摩擦热。工作中需要适当地润滑减缓齿面间的滚动摩擦,同时如果摩擦热不能够被及时带走将导致齿面偏离渐开线齿形,破坏齿面共轭状态并加剧磨损。喷油润滑是花键最理想的润滑冷却方式,它能够提供持续的、足够的、清洁的润滑油,在润滑齿面、带走热量的同时,还能够带走啮合齿面间的杂质,尤其是对于已经发生磨损的部位,可以避免磨粒磨损,减缓磨损速度。在转速高、载荷大且可靠性要求较高的花键连接部位,如连接两传动机匣的传动杆花键,通常要实现喷油润滑。

喷油润滑方式需要提供合适的供、回油油路结构,对于结构异常紧凑的航空发动机附件传动系统而言通常是比较困难的,因此大部分附件传动花键采用脂润滑,脂润滑花键操作简单、易于维护、可靠性高、成本低,缺点是受工作温度影响较大,润滑脂保持性、连续性不佳。脂润滑效果主要取决于润滑脂的性能和滴点,应能避免花键啮合传动和振动摩擦过程中升温变质,甚至熔化后被甩出花键,导致花键润滑不良,甚至干摩擦,加剧花键的磨损和早期失效。此外,为避免外来杂质或花键自身磨损产生的杂质在啮合齿面间形成磨粒磨损,脂润滑花键的定期检查非常重要,既要能保证及时发现并清理杂质,保证润滑脂的清洁,又要避免过于频繁地拆卸附件而导致的损伤、异物进入等情况。而无喷油润滑花键常用于结构紧凑,对传动系统的重量要求高、转速低、传动扭矩不大、工作温度较高,润滑脂无法正常工作的场合。

此外,还可以进行花键齿面镀铜,金属铜良好的导热效果有利于冷却花键齿面。

4. 花键的加工精度

为避免或减轻齿面磨损,航空渐开线花键要保证较高的齿面精度,内、外花键加工时都优选成型拉刀加工。但是为了降低成本,外花键加工时可以采用先锐齿后磨齿的加工工序,基本上可以达到与拉刀相同的加工精度;而内花键由于受到结构的限制,铣齿后不能够进行磨齿,精度相对较低。且若花键加工精度不高,会导致花键齿的分度累积偏差,分度累积偏差则会导致浮动式花键副实际参与啮合的齿对数发生变化,进而影响每个齿所分配的载荷大小及轴向载荷分布情况,同时,也会导致花键连接中各齿上的变形量发生变化并变得不均匀,从而形成恶性循环,加快花键副磨损。

5. 花键的齿面硬度及其热处理

花键的齿面硬度主要取决于材料基体的硬度,而为了进一步提高齿面硬度、增强齿面耐磨性,通常进行表面热处理。由于内花键无法进行磨齿加工,因此通常采用花键表面碳氮共渗(氰化处理)的方式提高齿面硬度;而外花键可以进行磨齿加工,因此既可以采用碳氮共渗,也可以采用齿面渗碳及渗碳后磨齿的措施提高齿面硬度。这主要是由于齿面渗碳的加温时间较长且渗碳层较厚,易导致齿面变形,需依靠磨齿工序保证齿形精度。当然,并不是齿面硬度越高越好,合理的内、外花键硬度匹配关系,以及合理的花键齿面与基体硬度的匹配关系,才能有效提高花键齿面抗磨损能力。

6. 工作载荷

压力可使表面产生塑性变形,并导致表面膜的破裂而粘着。一般来说,粘着磨损量和氧化磨损量都随着压力增大到某一临界值后而迅速增大。磨粒磨损也是随压力的增加而加剧。滑动距离一定时,微动磨损的磨损量随载荷的增大而增加,但超过某一最大值后又不断减小。航空花键副由转矩和横向力组成的载荷对于花键副连接圆周上的载荷分布和轴,以及轮毂之间的相对运动有着决定性的影响。因此,这样的载荷组合,对于各个齿对上的载荷分配、动载荷下的相对运动及由此而产生的连接的磨损特性影响很大。

7. 工作温度

在磨损过程中,消耗在塑性变形方面的能量至少有90%是以热的形式散失的,这些摩擦热将使温度升高。这会导致金属表面硬度和强度降低,因而促进了粘着磨损的发生。同时,高温还会影响保护膜的形成和润滑剂的性能,使润滑油变质,从而引起腐蚀磨损的发生。

8. 相关结构件的动力学特性

附件传动花键通常直接加工在齿轮轴、泵轴或传动杆上,这类转动件的动平衡精度直接影响附件传动系统的动态响应,并影响花键啮合齿面的工作状态,因此应尽量提高转子的动平衡精度。附件机匣壳体的固有频率和固有振型对附件传动系统的动态响应、动载荷的产生及传递具有重要影响,应尽量避免花键连接部位存在较大振动响应。

9. 附件的工作特性

在常用的航空附件结构形式中,离心泵泵轴上的外花键较易发生磨损,当泵壳内流体在离心力作用下工作时,泵轴不断偏摆形成转子动态不对中,并沿花键啮合齿面反复冲击、摩擦,而且泵的导叶常以倍频形式激发泵轴共振。此外,为避免工作中出现泵轴共振或较大的振动响应,设计中应避免过长或悬臂支撑的泵轴结构。

2.4.2　不同结构形式航空渐开线花键副的磨损原因

2.4.1节中的花键副磨损原因也是所有航空渐开线花键副磨损的原因。同时，针对不同结构形式的航空渐开线花键副，其主要磨损原因是不同的。航空固定式渐开线花键副理想状态下应无任何相对运动，但由于其受载形式特殊，其在起飞、巡航、着陆时都受到较大的动载荷，强烈的交变载荷外激励作用使得渐开线花键副系统产生非线性振动。同时，齿侧间隙引起的啮合齿对数变化引入的综合啮合刚度时变性对系统产生的刚度激励及由制造或装配引起的综合啮合误差（基节误差和齿形误差）对系统产生的误差激励等内部激励，以及内、外花键轴在安装时不对中，或运行之前是对中的，之后由于受热、受载及基础变形等原因会产生的不对中（平行不对中、角度不对中和平行角度混合不对中）现象，均会不同程度引起航空渐开线花键副系统的弯-扭耦合非线性振动。这种内、外动态激励共同作用导致的强烈非线性振动，一方面，会引起动载系数增大，影响键齿载荷分配、分布，极大地增加了系统动态力，增加了键齿面接触和弯曲疲劳失效概率，很大程度上降低了直升机的飞行安全；另一方面，会使得原设计相对静止的两花键接触面产生微动运动，而该微动的反复作用导致航空花键副系统微动磨损失效严重。

对于航空浮动式花键副，由于其传递转矩的同时，允许一个零件相对另一个零件有一定的角向和轴向位移，故需采用齿侧定心，一侧圆柱面定心和两侧圆柱面定心等方式对花键副进行辅助定心，以达到一定程度减小花键连接不对中的目的。对于无辅助定心的浮动式花键副，2.4.1节中提到的9个导致花键副磨损的原因，引起其磨损的最主要原因还是不对中，而对于有辅助定心的浮动式花键副，尤其两侧定心的浮动式花键副，除了2.4.1节提到的花键副安装制造中引入的磨损原因，一方面受到超临界尾轴自激振动的影响，另一方面受尾轴随尾梁变形时花键存在近似固定频率的滑动的影响。同时，花键本身外部输入转矩具有交变性，该交变外载荷构成了花键副振动的外部激励，加之由啮合齿对数变化引入的综合啮合刚度时变性以及制造与安装引起的几何误差等构成了花键副振动的内部激励，受这种受内、外激励共同作用导致的花键副非线性振动等工况影响，使得此类浮动渐开线花键在运行过程中齿面材料和定位圆柱面被大量磨掉，齿厚减少，花键副侧隙增大，定位间隙增大，故而导致齿间动载荷增大，不对中量增加，非线性振动加剧，花键副工况恶化。同时，花键运行到一定时间时，润滑条件会变差，工况的恶化进一步加重了其磨损的程度，如此循环，最终使得此类花键副的寿命及可靠性受到严重威胁。

第3章 航空渐开线花键副的磨损机理研究

先进航空发动机追求的高可靠性、大推重比和优良使用性能,使其各部件系统的设计技术指标日益严苛。动力传输系统是航空发动机的重要组成部分,而渐开线花键连接是动力传输系统中应用最广泛的部件。其磨损特性和工作寿命对动力传输系统的安全性起着决定性作用。据最新资料统计,在直升机传动系统的失效中,花键副引起的失效占10%~20%,而其中由微动磨损导致的花键失效要占90%以上。由此可见,航空渐开线花键副的磨损失效严重影响了航空飞行器的可靠性。因此,十分有必要探索航空渐开线花键副的磨损现象及磨损机理,掌握其磨损的内在规律,以便制订科学的维修方案。而由于目前尚未全面掌握花键副磨损机理,导致研究结果中与花键副磨损预估模型抛开机理的支撑仅以"推测性"方式提出,缺乏工程应用的普适性;加剧了航空渐开线花键副磨损预估方法的不确定性,从而导致目前还无法有效控制或预防花键副磨损失效的发生,极大地制约着航空传动系统的寿命和可靠性的提高。故开展渐开线花键副的磨损机理研究不仅具有重大的工程需求背景,而且具有重要的理论意义。

本章针对航空渐开线花键副,首先分析了其主要的失效形式及对应原因,对花键副磨损程度进行了划分;其次对磨损的基本形式进行了介绍,基于此,对航空渐开线花键副磨损的宏观表现形式及微观表现形式进行了分析;再次概述了各基本磨损形式对应的磨损机理;最后揭示了航空渐开线花键副的磨损机理。

3.1 磨损机理研究意义

3.1.1 失效的形式及原因

航空花键结构紧凑、易于安装,键槽浅、应力集中小,对轴和毂的强度削弱小,且更容易补偿安装误差和不对中,单位重量或每英寸直径可以传输更多的功率,即使在失败时也不会导致碎片脱落,可以在腐蚀条件下拥有比其他联轴器工作更长的时间。正是由于这些特点决定了花键在航空附件传动系统中占有不可替代的地位。

航空花键副依据连接件之间能否相对轴向移动,分为固定式渐开线花键连接和浮动式渐开线花键连接两种,如图3-1和图3-2所示。

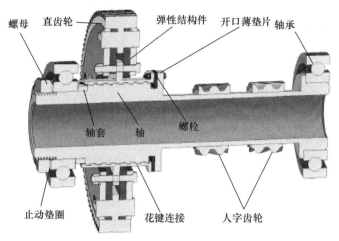

图 3-1 固定式渐开线花键连接

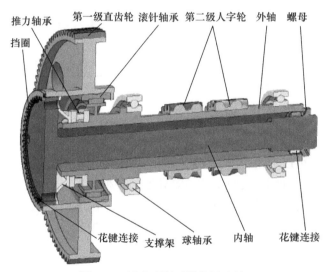

图 3-2 浮动式渐开线花键连接

固定式渐开线花键连接中内外花键之间不能相对移动,浮动式渐开线花键连接允许内外花键之间相对移动,用于支撑变形较大场合。

航空花键运行在多种工况下,除了承受复杂环境载荷,还承受离心力、恒定扭矩、周期性扭矩、附加循环扭矩、短暂峰值扭矩、冲击扭矩、不对中负载、共振等机械载荷。由于承受载荷复杂及存在各种因素导致的不对中等原因,花键在实际工作中只有部分齿参与啮合,其失效形式多种多样,在采用标准润滑脂润滑时,花键失效的主要形式包括磨损、微动腐蚀、蠕动跟踪、冷流和润滑油分离等。而采用连续润滑时,除了磨损和蠕动跟踪,还包括腐蚀磨损、联轴器污染、刻痕和焊接等。常见的花键副失效故障及原因如表 3-1 所列[87]。

表 3-1 常见的花键副失效故障及原因

破坏现象	产生原因
键齿表面恶化和过热	不对中,滑移速率大
键齿破坏或磨损	不对中倾角大
轮毂破坏,键剪切	轴过盈配合过盈太多
锁死磨损和键齿破裂	润滑系统污染,不对中情况严重
蠕动跟踪	不对中,润滑油分离;润滑油黏度过低
末端或密封圈破坏	轴间距过大和不对中过多
孔磨损	不适当的切削工艺;加热不充分或不正确;过盈配合过盈太多
孔脱色	液压配合不合适;轴和轮毂之间有污染
组件断裂	过载或疲劳,冲击负载
冷流、磨损、微动	振动大
螺栓剪切、螺栓孔伸长	螺母超出螺纹
润滑油成分分离	离心力
潮湿杂质残留	离心力
润滑油失效	环境温度过高

从表 3-1 中可以看出,航空花键失效的主要形式是磨损。而其失效主要源于振动、材料、润滑、不对中、表面不洁净等导致的各种磨损、损伤或表面应力过大,其次还可能是超载或疲劳引起的断裂。更为糟糕的是由于空间狭小和设计等原因导致的不可接近性,花键检修和更换困难,更换成本昂贵。

3.1.2 磨损程度划分

1. 零磨损

当磨损深度小于或达到两接触表面粗糙度之和的一半时,认为是未发生磨损,即零磨损。

2. 中度磨损

当磨损深度小于或达到两接触表面的氧化层厚度时为中度磨损。这时表面凸峰有材料脱落,含有氧化物颗粒,但接触面还是很光滑。

3. 严重磨损

严重磨损的磨损率比中度磨损的磨损率高出两个数量级,而且磨损颗粒尺寸较大,主要成分为材料本体。

在严重磨损中,磨损率是时间、滑移距离及载荷的线性函数,而中度磨损的磨损率是时间、滑移距离的分段线性函数,如图 3-3 所示。

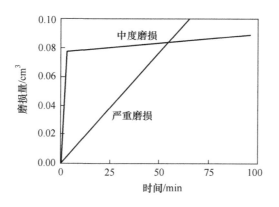

图 3-3 磨损率与时间关系

另外,磨损程度也可以依据接触表面和磨粒进行判断。在中度磨损的早期,磨痕和磨粒都是光亮的。一段时间后,磨痕和磨粒由于氧化变为黑色,正是这种氧化过程导致了中度磨损。当氧化层脱落之后,将会产生严重磨损。在严重磨损中,由于磨粒的犁耕作用,接触表面会出现明显的划痕。

对于航空渐开线花键副,磨损的程度是按照花键的振动量(加速度)大小来判断的。当某处的花键的振动量超过允许的振动量极限值时,就认为该处的渐开线花键副严重磨损,就需要维修更换。

3.2 磨损的表现形式

3.2.1 磨损的基本形式

1. 粘着磨损

摩擦偶件的表面经过仔细的抛光,微观上仍是高低不平的。当两物体接触时,总是只有局部的接触。此时,即使施加较小的载荷,在真实接触面上的局部应力就足以引起塑性变形,使这部分表面上的氧化膜等被挤破,两个物体的金属面直接接触,两接触面的原子就会因原子的键合作用而产生粘着(冷焊)。在随后的继续滑动中,粘着点被剪断并转移到一方金属表面,脱落下来便形成磨屑,造成零件表面材料的损失,这就是粘着磨损。

根据剪断位置的不同,表面损伤程度的不同,可将粘着磨损分为以下几个等级。

表 3-2 粘着磨损的分类

类别	破坏现象	损坏原因
轻微磨损	剪切破坏发生在粘着结合面上,表面转移的材料极轻微	粘着结合处强度比摩擦副的两基体金属都弱
涂抹	剪切破坏发生在离粘着结合面不远的较软金属浅层内,软金属涂抹在硬金属表面	粘着结合处强度大于较软金属的剪切强度
擦伤	剪切破坏主要发生在较软金属的亚表层内;有时硬金属亚表面也有划痕	粘着结合处强度比两金属基体都高,转移到硬面上的粘着物质又拉削软金属表面
撕脱（深掘）	剪切破坏发生在摩擦副一方或两方金属较深处	粘着结合处强度大于任一基体的剪切强度。剪切应力高于粘着结合强度
咬死	摩擦副之间咬死,不能相对运动	粘着结合处强度比任一基体金属的剪切强度高,而且粘着区域大,剪切应力低于粘着结合强度

影响粘着磨损的因素如下：

1）材料特性

配对材料的相溶性越大,粘着倾向就越大,粘着磨损就越大。一般来说,相同金属或互溶性强的材料组成的摩擦副的粘着倾向大,易于发生粘着磨损。异形金属、金属与非金属或互溶性小的材料组成的摩擦副的粘着倾向小,不易发生粘着磨损。多相金属由于金相结构的多元化,比单相金属的粘着倾向小,如铸铁、碳钢比单相奥氏体和不锈钢的抗粘着能力强。脆性材料的抗粘着性能比塑性材料好,这是因为脆性材料的粘着破坏主要是剥落,破坏深度浅,磨屑多呈粉状,而塑性材料粘着破坏多以塑性流动为主,如铸铁组成的摩擦副的抗粘着磨损能力比退火钢组成的摩擦副要好。

2）材料微观结构

铁素体组织较软,在其他条件相同的情况下,钢中的铁素体含量越多,耐磨性越差。片状珠光体耐磨性比粒状珠光体好,所以调质钢的耐磨性不如未调质的。珠光体的片间距越小,耐磨性越好。马氏体,特别是高碳马氏体中有较大的淬火应力,脆性较大,对耐磨性不利。低温回火马氏体比淬火马氏体的耐磨性好。贝氏体组织中内应力小,组织均匀,缺陷比马氏体少,热稳定性较高,因而具有优异的耐磨性。多数人认为残余奥氏体在摩擦过程中有加工硬化发生,表面硬度的提高可使耐磨性明显提高。不稳定的残余奥氏体在外力和摩擦热作用下可能转化成马氏体或贝氏体,造成一定的压应力,再有,残余奥氏体有助于改善表面接触状态,并能提高材料的断裂韧性,增加裂纹扩展的阻力,这些对耐磨性均有利。

3) 载荷及滑动速度

研究表明,对于各种材料,都存在一个临界压力值。当摩擦副的表面压力达到此临界值时,粘着磨损会急剧增大,直至咬死。滑动速度对粘着磨损的影响主要通过温升来体现,当滑动速度较低时,轻微的温升有助于氧化膜的形成与保持,磨损率也就低。当达到一定临界速度之后,轻微磨损就会转化成严重磨损,磨损率突然上升。

4) 表面温度

摩擦过程产生的热量,使表面温度升高,并在接触表层内沿深度方向产生很大的温度梯度。温度的升高会影响摩擦副材料性质、表面膜的性质和润滑剂的性质,温度梯度使接触表层产生热应力,这些都会影响粘着磨损。金属表面的硬度随温度升高而下降。因此温度越高,粘着磨损越大。温度梯度产生的热应力使得金属表层更易于出现塑性变形,因而温度梯度越大,磨损也越大。此外,温升还会降低润滑油黏度,甚至使润滑油变质,导致润滑膜失效,产生严重的粘着磨损。

5) 环境气氛和表面膜

环境气氛主要通过影响摩擦化学反应来影响粘着磨损。如在环境气氛中有无氧气存在及其分压力大小,对粘着磨损都有很大影响,在空气中和真空中同种材料的摩擦系数,可能相差数倍之多。各种表面膜都具有一定的抗粘着磨损作用,润滑油中加入的油性添加剂、耐磨添加剂生成吸附膜、极压添加剂生成的化学反应膜,以及其他方法生成的硫化物、磷化物、氧化物等表面膜,都能显著提高耐粘着磨损能力。

6) 润滑剂

润滑是减少磨损的重要方式之一。边界膜的强度与润滑剂类型密切相关。当润滑剂是纯矿物油时,在摩擦副表面上形成的是吸附膜。吸附膜强度较低,在一定的温度下会解吸。当润滑油含有油性和极压抗磨添加剂时,在高温高压条件下会生成高强度的化学反应膜,在很高的温度和压力下才会破裂,因此具有很好的抗粘着磨损效果。

2. 磨料磨损

硬质颗粒或表面上硬的凸体在摩擦过程中引起的材料脱落称为磨料磨损。磨料磨损包括 3 种情况:①在磨料中工作的零件,磨料对零件表面的作用;②外来的坚硬颗粒夹在两个摩擦面之间滑动所造成的,外来的磨料可以使磨损脱落的磨屑,也可以是环境中的灰尘砂土;③粗糙而坚硬的表面在较软表面上滑动所造成的。磨料磨损的分类如表 3-3 所列。

表 3-3　磨料磨损的分类

类型	产生条件	破坏形式	实例
凿削式磨料磨损	磨料对材料表面产生高应力碰撞	材料表面上凿削下大颗粒的金属,被磨表面有较深的沟槽	挖掘机斗齿、破碎机锤头等零件的表面破坏
高应力碾碎式磨料磨损	磨料与金属表面接触处的最大压应力,大于磨料的压溃强度	一般金属材料被拉伤,韧性材料产生塑性变形或疲劳,脆性材料发生碎裂或剥落	球磨机衬板与钢球、轧机滚筒等零件的表面破坏
低应力擦伤磨料	磨料作用于表面的应力不超过磨料的压溃强度	材料表面产生擦伤或微小切削痕	犁铧、运输槽板及机械零件被砂尘污染的摩擦表面

磨粒磨损是最普遍的磨损形式。据统计,在生产中因磨粒磨损所造成的损失占整个磨损损失的一半左右,因而研究磨粒磨损有着重要的意义。一般来说,磨粒磨损的机理是磨粒的犁耕作用,即微观切削过程。显然,材料相对于磨粒的硬度和载荷以及滑动速度起着重要的作用。

苏联学者 XpymoB 指出,硬度是表征材料抗磨粒磨损性能的主要参数。首先,磨料硬度 H_0 与试件材料硬度 H 之间的相对值影响磨粒磨损的特性。当磨料硬度低于试件材料硬度时,即 $H_0 < (0.7 \sim 1)H$,不产生磨粒磨损或产生轻微磨损。当磨料硬度超过材料硬度以后,磨损量随磨料硬度而增加。如果磨料硬度更高将产生严重磨损,但磨损量不再随磨料硬度变化。由此可见,为了防止磨粒磨损,材料硬度应高于磨料硬度,通常认为 $H \geq 1.3H_0$ 时只发生轻微的磨粒磨损。

但是,同时还应考虑以下因素对磨粒磨损的影响。

(1) 磨粒磨损与磨料的硬度、强度、形状、尖锐程度和颗粒大小等因素有关。磨损量与材料的颗粒大小成正比,但颗粒大到一定值以后,磨粒磨损量不再与颗粒大小有关。

(2) 载荷显著地影响材料的磨粒磨损。

(3) 在磨损开始时期,由于磨合作用使线磨损度随摩擦次数增加而下降,同时表面粗糙度得到改善,随后磨损趋于平缓。

(4) 如果滑动速度不大,不至于使金属发生退火回火效应时,线磨损度将与滑动速度无关。

3. 表面疲劳磨损

摩擦副接触表面做滚动或滑动摩擦时,由于周期性载荷,使接触区产生很大的交变应力,导致表面发生塑性变形。在表层薄弱处引起裂纹,逐渐扩展并发生断裂,而造成的点蚀或剥落,称为表面疲劳磨损。表面疲劳磨损按其发展状况,可分为非扩展性表面疲劳磨损和扩展性表面疲劳磨损两类。

(1) 非扩展性的表面疲劳磨损。刚接触时表面间的接触点较少,接触应力较高,很容易就产生小麻点。随着接触面积逐渐扩大,单位面积的实际压应力降低,小麻点就停止扩大。这种现象主要发生在经过加工硬化提高了表面强度的塑性金属表面。

(2) 扩展性的表面疲劳磨损。当作用在两接触表面上的交变应力较大时,由于材料的塑性稍差或润滑不当,使运动开始初期就发生小麻点,而且在较短的时间内,由小麻点扩展成豆斑状的凹坑。

表面疲劳磨损的影响因素如下。

1) 钢材质量

含有夹杂物的钢材,在交变应力作用下,最容易发生疲劳磨损。

2) 钢材表面硬化层的影响

表面硬化层可以提高耐疲劳磨损的能力。但是硬化层不能过薄,如果在芯部材料与表面硬化层过渡区,恰逢位错聚集区,则容易造成表层剥落。

3) 材料表面硬度的影响

对于不同类型的摩擦副均有各自的最佳硬度值。如滚动轴承用的钢材,硬度以 HR62 为最佳(试验结果),高于或低于此值轴承寿命都将随之降低。对于齿轮材料,一般来说,小齿轮的硬度应该略高于大齿轮的,这样有利于磨合,使接触应力分布均匀。

4) 表面光洁度的影响

作为滚动或滚滑摩擦件而言,表面粗糙度应当尽量高些。特别是硬度较高的零件,光洁度更应高些。但光洁度也有一个最佳值。过高的光洁度对提高疲劳磨损寿命的影响不是很大。

5) 润滑的影响

润滑油的黏度越高,接触部分的压力越接近平均分布,抗疲劳磨损能力越好。

4. 微动磨损

为区别于传统的滑动和滚动,微动是指两个接触表面发生极小幅度的相对运动,它通常存在于一个微幅振动下的"近似紧固"的机械配合件之中,一般其位移幅度为 $0\sim100\mu m$。微动在工程实际中普遍存在,它可以直接造成接触面摩擦磨损,引起构件咬合、松动、功率损失、噪声增加或污染源形成等;微动也可以加速疲劳裂纹的萌生和扩展,使构件的疲劳寿命大大降低。

微动可分为 4 种基本运行模式:切向式微动、径向式微动、滚动式微动、扭动式微动。微动的 4 种基本运行模式如图 3-4 所示。切向式微动模式比较常见(图 3-4(a)),目前大部分学者都以这种微动模式为研究对象。切向式微动模式又可分为 3 种模式:微动磨损、微动疲劳、微动腐蚀(图 3-5)。不同模式下产生的破坏可通称为微动损伤。由微动引起的表面磨损和由微动引起的疲劳是两种基本的破坏机制,而这两种机制在这 3 种切向式微动模式中都可存在。

除切向微动以外的其他3种模式也经常出现,但相关研究报道比较少。

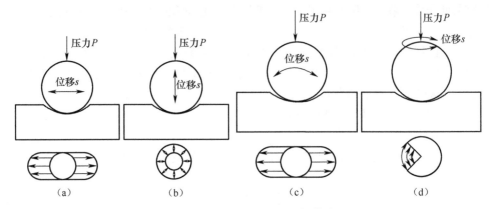

图 3-4 微动的4种基本运行模式
(a)切向式微动;(b)径向式微动;(c)滚动式微动;(d)扭动式微动。

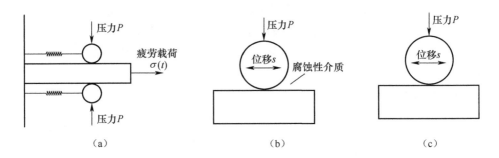

图 3-5 切向式微动模式
(a)微动疲劳;(b)微动腐蚀;(c)微动磨损。

微动磨损是指两个表面间由于振幅很小的相对运动而产生的磨损。微小振动和氧化作用是促进微动磨损的主要因素。而微动磨损是粘着磨损、氧化磨损和磨粒磨损等多种磨损形式的组合。

微动磨损经常发生在原设计相对静止,实际工作中却承受循环交变载荷的而发生相对往复运动的接触面上。与其他磨损形式不同,其接触面间仅做微小振幅的相对滑动,滑移距离也不超过原设计中的接触面积。发生微动磨损时,微动磨屑不易从两接触面排出,在两表面间作用下发生变形,从而改变两接触面的接触情况,造成表面配合精度下降、表面配合松动等现象。同时,摩擦表面间的法向压力使表面上的微凸体粘着,粘合点被小振幅振动剪断成为磨屑,磨屑接着被氧化,被氧化的磨屑在磨损过程中起着磨粒的作用,使摩擦表面形成麻点或虫纹形伤疤。这些麻点或伤疤是应力集中的根源,因而也是零件受动载失效的根源。根据被氧化磨屑的颜色,往往可以断定是否发生微动磨损。如被氧化的铁屑呈红色,被氧化的铝屑呈黑色,则振动时就会引起磨损。有氧化腐蚀现象的微动磨损称为微动磨蚀,在交变应力下的微动磨损称为微动疲劳磨损。

微动磨损的损坏特点:摩擦表面有较集中的凹坑,因为活动区很小,粘着、疲劳均集中在很小的范围内。磨损产物是红褐色的氧化物细颗粒。

一般可以从以下3个方面考虑,减少微动磨损的发生。

(1) 接触参数:主要包括接触压力、相对位移振幅、循环次数、频率。

(2) 物理条件:包括微动体所用的材料(强度、硬度、疲劳性能、氧化腐蚀性能、裂纹扩展性能、延展性、粘着性能等)、接触表面状态(包括接触模式、硬度和弹塑性等)和接触区域的温度。

(3) 环境条件:包括温度、湿度、微动接触表面周围的大气环境、介质和润滑条件等。

3.2.2 航空渐开线花键副磨损的表现形式

1. 航空渐开线花键副磨损宏观表现形式

(1) 在无辅助定心表面的圆柱渐开线花键中,由于零件齿圈不同轴而产生的齿的磨损沿齿高和齿长都是不均匀的。当被连接零件齿圈存在径向偏斜时,在工作初期,仅在外齿圈工作面的上齿面及内齿圈的下齿面产生磨损,随着工作的进行,逐渐地发展到整个齿参与接触的全部深度。此时,由于"齿缘效应"仅在齿缘部分出现纵向的不均匀磨损,如图3-6(a)所示。

(2) 如果被连接零件的齿圈采用整体热处理或齿面进行化学热处理,那么齿圈偏斜的花键工作时,由于齿的磨损,工作一段时间后,两个零件齿的纵向宏观形状变成对称的鼓形。受载最大的齿沿齿长接触不全时,工作初期齿的磨损和齿的接触一样,仅出现在齿缘,如图3-6(b)所示。当齿的接触区扩展到整个齿长以后,磨损齿总的纵向凸起度近似保持不变。

(3) 如果一个连接零件的齿面和端面都进行表面强化处理,而另一个零件的齿端面不进行强化或齿和端面均不强化,而在第一个零件的齿缘上伸出较长的距离,则在磨损过程中,齿的纵向形貌将发生变化。当第一个零件的齿面磨损发生在材料表面强化层范围内时,两个零件的齿在连接长度上沿工作面有凸起形的纵向宏观形貌如图3-6(c)所示,但是,当第一个零件齿工作面材料的强化层全部磨损掉时,齿的纵向宏观形貌进一步从凸起形变为凹下形,如图3-6(d)所示。

当花键上同时存在有径向位移和零件齿圈偏斜时,在工作初期,仅在花键齿的齿缘上发现齿的磨损。此外,在外花键齿的顶部和内花键的齿根部发现齿的磨损,如图3-6(e)所示。当花键采用鼓形齿并有任意不同轴度时,外花键齿的中部和内花键齿的中部发现均匀磨损,如图3-6(f)所示。

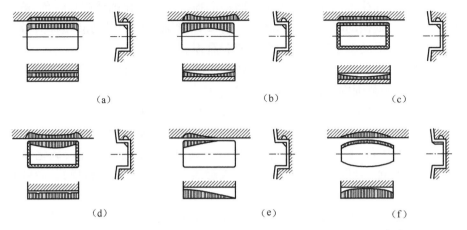

图 3-6 无辅助定心花键副在工作初期和继续工作时齿的磨损[86]
(a) 齿圈有径向位移；(b) 齿圈有偏斜；(c)、(d) 花键齿表面硬化处理的齿圈有偏斜；
(e) 齿圈既有径向位移又有偏斜；(f) 鼓形齿有任意不同轴度。

2. 航空渐开线花键副磨损微观表现形式

图 3-7 为某使用过的航空花键副内花键的 SEM 分析结果图。从图 3-7 中可

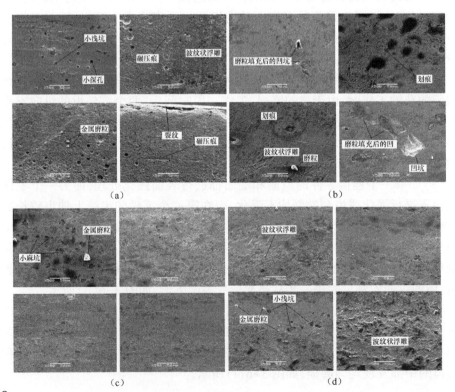

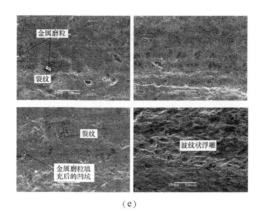

(e)

图 3-7 航空渐开线花键键齿 SEM 分析[88]

(a)齿顶处的磨损形貌;(b)齿上端处的磨损形貌;(c)齿中处的磨损形貌;
(d)齿下端处的磨损形貌;(e)齿根处的磨损形貌。

以看出,无论齿根、齿顶或齿中,都存在大量的深度小于 5μm 且形状为不规则长方形的小浅坑以及深度可达 50μm 左右且形状较规则的小圆孔。这些小浅坑、小深孔或密密麻麻或零零散散地分布在键齿表面上,有的小浅坑或小深孔甚至与旁边的小浅坑或小深孔互相连接,形成稍大点的凹坑(图 3-7(b)~(d))。同时,在图 3-7(a)~(e)中,均可以看到大小不同、形状不等(不规则形状的、椭圆状的、球状的)的金属磨粒,这些磨粒一部分已经在磨损的继续进行过程中嵌入附近的小凹坑中,有的仍然浮在花键齿表面上。在图 3-7(a)、(b)、(c)、(e)中还发现了深浅不一的大量划痕即"犁沟"。而在图 3-7(a)、(e))中,可以观察到裂纹的存在,方向均垂直于滑动方向。在图 3-7(a)~(e)中还观察到氧化物转化层,及其产生的波纹状浮雕。在这些表面形貌特征中,小浅坑是微动磨损存在的典型特征。对于大多数金属,小浅坑的体积都比氧化物的体积小,小的深孔是磨损时磨屑完全被夹在原始接触表面间的结果,因此,在相当大的压力下被这些小深孔所容纳。而浅的小洼坑则出现在氧化物磨屑从原始接触表面排出,在附近区域发生磨粒磨损的情况。"犁沟"的存在意味着磨粒磨损是花键副的磨损过程中一个关键的磨损形式。氧化物转化层的存在则表明了氧化磨损的存在。

3. EDS 分析结果

图 3-8 为使用过的航空花键副内花键的 EDS 分析结果图。从图 3-8(a)、(b)中可以看出,在花键齿面上的灰色区域,除了碳、硅、铁、铬外,还发现了氧元素的存在,说明键齿表面的铁元素发生了氧化。同时,每个区域各元素含量的不同,表明键齿磨损表面上的材料发生连续转移。材料转移是粘着磨损的重要标志。

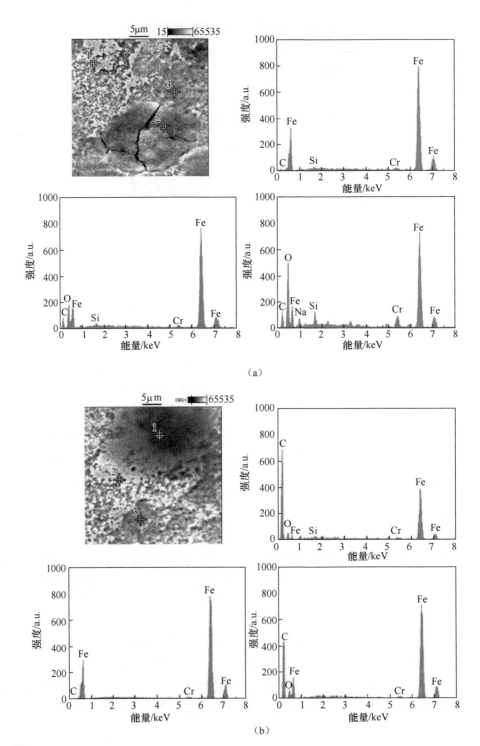

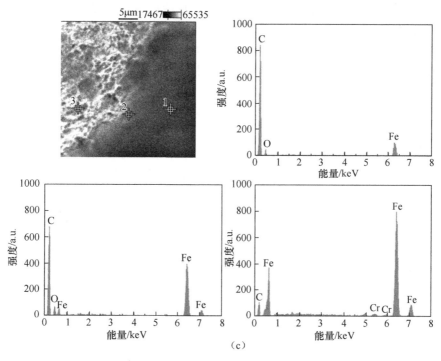

图 3-8 航空渐开线花键键齿 EDS 分析

由此可以看出,花键副的宏观磨损形式可以直接展示出花键磨损后的齿形状况,而花键副的微观磨损形式可以表达出花键副是在哪些磨损形式的作用下最后发生了磨损失效。

3.3 磨损机理分析

3.3.1 基本磨损形式的磨损机理

1. 粘着磨损机理

按照磨损的严重程度,粘着磨损可分为轻微粘着磨损、一般粘着磨损、擦伤磨损、胶合磨损。除润滑条件和摩擦副材料性能之外,影响粘着磨损的主要因素为载荷和表面温度。然而,关于载荷或温度谁是决定性的因素迄今尚未得到统一认识。两个固体平面发生滑动接触时,无论是干摩擦还是润滑摩擦都会产生粘着磨损。粘着起源于界面的微凸体接触,滑动使这些接触点产生剪切作用,导致碎片从接触点一侧被剥离,粘着到另一侧的微凸体上。当滑动继续时,转移的碎片从其粘着的表面下脱落,又转移到原来的表面上,否则就成为游离的磨粒。经过反复加载和卸载的疲劳作用,有些转移碎片将发生断裂,它们也能成为游离的磨粒。

目前,有多种理论来解释碎片的剥离过程。早期的一种滑动磨损理论认为剪切在初始界面或某个表面的最薄弱区域上出现,该理论当前仍被承认。在多数情况下,接触界面的粘着强度低于其附近的材料撕裂强度,此时大多数接触点只发生界面剪切而不产生磨损,如图3-9中的路径1。少数接触点可能出现断裂,如图3-9中的路径2,小碎片(图中阴影部分)转移到另一个表面上。这种转移碎片呈不规则块体形状。

另一种理论认为产生磨损碎片的原因是微凸体接触对表层的连续塑性剪切作用。根据这个理论,表层上的连续塑性剪切将沿着滑移线产生裂纹并扩展,经过一定循环之后,沿着裂纹的扩展轨迹就分离出碎片。

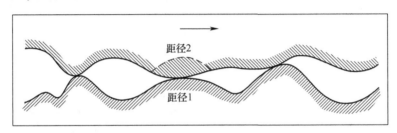

图3-9 碎片剥离过程

由于粘着效应,从一个表面剥离的碎片会转移到配副表面上。在后续滑动过程中,上述任何一种机理都能产生更多的碎片,它们可能粘着在生成表面上或者转移到配副表面上,也可能转移到其他已粘着的碎片上,形成一个看似大磨粒的碎片团簇,这种磨粒在任何方向都有大致相等的尺寸。

虽然碎片的粘着行为预示着碎片与转移表面之间有较强的结合力,但最终成为松散磨粒却表明这种结合力仍比较薄弱。形成松散磨粒往往起因于碎片的化学变化,碎片的表面积较大,因而很容易被氧化,这就降低了碎片的粘着强度,使其易于挣脱表面。产生松散磨粒的第二种机理涉及粘着碎片的残余弹性能量。夹在两个表面之间的碎片承受很大的应力,当滑动表面错开时,碎片保留着残余弹性应力,如果弹性能量大于粘着能量,碎片就会挣脱表面而成为松散的磨粒。在不同的材料配副中,两种材料的磨粒都可能出现,但软材料可能产生更多磨粒,而且磨粒尺寸一般大于硬材料的磨粒。

2. 磨粒磨损机理

磨粒磨损主要有微观切削、挤压剥落、疲劳破坏3种磨粒磨损机理。

1) 微观切削

法向载荷将磨料压入摩擦表面,而滑动时的摩擦力通过磨料的犁沟作用使表面剪切、犁皱和切削,产生槽状磨痕。

2) 挤压剥落

磨料在载荷作用下压入摩擦表面而产生压痕,将塑性材料的表面挤压出层状或鳞片状的剥落碎屑。

3) 疲劳破坏

摩擦表面在磨料产生的循环接触应力作用下,使表面材料因疲劳而剥落。

3. 表面疲劳磨损机理

表面疲劳磨损是在摩擦接触面上不仅承受交变压应力,使材料发生疲劳,同时还存在摩擦和磨损,且表面还有塑性变形和温升,因此,情况比一般疲劳更为严重。

根据弹性力学的赫兹公式可知,无论是点接触还是线接触,表层最薄弱处是在离表面 $0.786b$ 处(b 为点接触或线接触的接触区宽度的 $1/2$)。因为这里是最大剪切应力的作用点,最容易产生裂纹。特别是在滚动加滑动的情况下,最大剪切应力的作用点离摩擦表面更近,就更容易剥落产生磨损。

对于裂纹产生机理有以下研究:

1) 裂纹从表面产生

在滚动接触过程中,由于外界载荷的作用,表面层的压应力引起表层塑性变形,导致表层硬化,开始出现表面裂纹。当润滑油楔入裂纹中、滚动体运动又将裂纹的口封住。裂纹中的润滑剂被堵在缝中,形成巨大的压力,迫使裂纹向前扩展。经过多次交变后,裂纹将扩展到一定的深度,形成悬臂状,在最弱的根部发生断裂,出现豆斑状的凹坑,称为点蚀。这种现象在润滑油黏度低时容易发生。

2) 裂纹从接触表层下产生

由于接触应力的作用,在离表面一定深度($0.786b$)的最大剪切应力处,塑性变形最剧烈。在载荷作用下反复变形,使材料局部弱化,在最大剪应力处首先出现裂纹,并沿着最大剪应力的方向扩展到表面,从而形成疲劳磨损。如在表层下最大剪应力区附近,材料有夹杂物或缺陷,造成应力集中,极易早期产生疲劳裂纹。

3) 脱层理论(分层理论)

苏(Suh)认为接触的两表面相对滑动,硬表面的峰顶划过软表面时,软表面上每点都经受一次循环载荷。在载荷的反复作用下,产生塑性变形。塑性变形沿着材料的应力场,扩展到距表面较深的地方,而不是表面上。因此在表面以下,金属出现大量位错,并在表层以下一定距离内出现位错的堆积,如遇金属中的夹杂或第二相质点,位错遇阻,导致空位的形成和聚集,此处更易发生塑性流动。这些地方往往是裂纹的成核区域。表层发生位错聚集的位置取决于金属的表面能和作用在位错上正应力的大小。一般来说,面心立方金属的位置比体心立方金属的深。

根据表面下的应力分布状况,裂纹都是平行于表面的。每当裂纹受一次循环载荷,就在同样深度处向前扩展一个短距离,扩展到一定的临界长度时,裂纹与表面之间的材料,由于剪切应变而以薄片形式剥落下来。裂纹产生的深度由材料的性质及摩擦系数决定。

后来,富基坦(Fujita)等用 NiCr 渗碳钢做了试验研究,发现裂纹首先在较浅的部位形成,通过反复接触,产生二次裂纹和三次裂纹,脱层的位置加深。然后,裂纹扩展到表面,而使裂纹上方的金属发生断裂。

4) 微观点蚀概念

勃士(Berthe)等提出微观点蚀概念。过去分析点蚀是用宏观的赫兹应力分析法,认为接触面是理想光滑的,而实际上接触面是粗糙的,真实接触在粗糙表面的峰顶。表面粗糙度使赫兹应力分布发生调幅现象,每个峰顶上的接触应力引起的点蚀称为微观点蚀。这种点蚀大约是宏观点蚀的 1/10,而这种微观点蚀往往都是宏观点蚀的起因。

4. 微动磨损机理

摩擦表面间的法向压力使表面上的微凸体粘着。粘合点被小振幅振动剪断成为磨屑,磨屑接着被氧化。被氧化的磨屑在磨损过程中起着磨粒的作用,使摩擦表面形成麻点或虫纹形伤疤。这些麻点或伤疤是应力集中的根源,因而也是零件受动载失效的根源。根据被氧化磨屑的颜色,往往可以断定是否发生微动磨损。如被氧化的铁屑呈红色,被氧化的铝屑呈黑色,则振动时就会引起磨损。有氧化腐蚀现象的微动磨损也称微动磨蚀。在交变应力下的微动磨损称为微动疲劳磨损。

对于金属件之间的微动磨损机理,有学者认为在一个循环中,上半个循环中表面氧化膜在被金属接触面上的微凸体的微动摩擦机械作用磨掉,继而在大气等周围介质的作用下,使暴露出的新的、经受应变的表面在下半个循环中再次被氧化,形成新的氧化膜,接着在下一个循环里继续重复与此循环同样的过程,且氧化膜的形成长大遵循时间的对数规律,即一个载荷循环内由于此氧化作用产生的微动磨损量为

$$W_{\text{corr}} = 2n_c l_c c_d k_r \ln\left(\frac{s^d}{2l_c f_f \tau_c} + 1\right) \tag{3-1}$$

式中:c_d 为微凸体的周长(假设微凸体为圆形);n_c 为单位面积上微凸体的个数;s^d 为微凸体之间的间距;l_c 为微凸体在半个循环中运行过的距离;f_f 为微动频率;τ_c 和 k_r 均为常数。

设

$$\frac{s^d}{2l_c f_f \tau_c} < 1 \tag{3-2}$$

则式(3-1)可化为

$$W_{\text{corr}} = 2n_c l_c c_d k_r \left(\frac{s^d}{2l_c f_f \tau_c} - \frac{\left(\frac{s^d}{2l_c f_f \tau_c}\right)^2}{2} + \frac{\left(\frac{s^d}{2l_c f_f \tau_c}\right)^3}{3} - \cdots\right) \tag{3-3}$$

忽略式(3-3)中的高次项,即可得

$$W_{\text{corr}} = 2n_c l_c c_d k_r \frac{s^d}{2l_c f_f \tau_c} = \frac{n_c c_d k s^d}{f_f \tau_c} \tag{3-4}$$

考虑每边的微凸体在单位面积上的数目为 $\sqrt{n_c}$,则可得

$$s^d = \frac{1}{\sqrt{n_c}} = -c_d \tag{3-5}$$

又

$$\frac{p}{p_0} = n_c \frac{\pi}{4} c_d^2 \tag{3-6}$$

故有

$$W_{\text{corr}} = c_c k_r \frac{1}{f_f \tau_c} 2\sqrt{n_c \pi \frac{p}{p_0}} \left(\frac{1}{\sqrt{n_c}} - 2\sqrt{n_c \pi \frac{p}{p_0}} \right)$$

$$k_0 \frac{1}{f_f} \sqrt{\frac{p}{p_0}} - k_1 \frac{1}{f_f} \frac{p}{p_0} \tag{3-7}$$

式中: $k_0 = \frac{2}{\sqrt{\pi}} \frac{k_r}{\tau_c}$; $k_1 = \frac{4}{\pi} \frac{k_r}{\tau_c}$。

如此的氧化作用在经历一定的循环次数后,接触区域发生局部疲劳使得金属表面微粒剥落,即形成微动磨损。沃特豪斯曾借助扫描电镜观察经历了 10 万次以上循环次数的微动磨损接触面,发现微动磨损最初的磨屑是片状颗粒,由于接触面间的滚动及碾研作用,这些片状的磨屑又产生形变,形成其他形式的磨屑。最终,一部分磨屑粒子脱落,继续充当磨粒,加速两金属接触表面的磨损;另一部分黏附在接触面上形成黏附层。黏附层在表面微凸体间的机械碾研作用及黏附作用下从原表面脱离,或者接触表面的金属离子在载荷疲劳作用和剪切作用下从表面迁移。一个循环内迁移的金属量为

$$W_{\text{mech}} = \frac{2K^1 l_c p}{p_0} = \frac{K^2 l_c p}{p_0} \tag{3-8}$$

式中: K^1、K^2 为常数; p_0 为材料的屈服压力; p 为接触压力。由此可以得出 N 次循环下的总微动磨损量为

$$W_{\text{tatal}} = NW_{\text{corr}} + NW_{\text{mech}}$$

$$= \frac{N}{f_f} \left(k_0 \sqrt{\frac{p}{p_0}} - k_1 \frac{p}{p_0} \right) + k_2 l_c N \frac{p}{p_0} \tag{3-9}$$

同时,一些研究结果表明,金属接触面在微动作用下形成表面裂纹,裂纹在微动作用下或其他作用下会进一步扩展,产生微动疲劳。故而将微动磨损的整个过程划分为四个阶段,如图 3-10 所示。

第一个阶段:法向载荷作用下,两金属接触表面的微凸体发生粘着,当接触点滑动时,使一个表面的金属迁移黏附到了另一个表面上去,同时,还产生了磨屑,堆积在邻近区域的凹坑里,如图3-10(a)所示。

第二阶段:第一阶段中黏附的金属颗粒脱落成为磨屑,在加工硬化作用和氧化作用下,以氧化磨损和磨粒磨损的形式磨损着周围的金属,且磨损区朝两侧扩展,如图3-10(b)所示。

第三阶段:在第二阶段中的氧化磨损和磨粒磨损作用下,磨损速度很快,产生的大量微动磨屑已无法在原来的地方堆积,本阶段,磨损速率下降,进而转移到了附近的凹坑里,如图3-10(c)所示。

第四阶段:两接触面间的接触形式变成了弹性接触,接触面在磨屑挤压及微动作用下,最大接触应力处在接触面中心,于是接触面中心发生凹陷,形成浅而小的坑,这些小坑在邻近的接触面上也会形成,在微动作用下,一部分小坑合成了深而大的麻坑,如图3-10(d)所示。

20世纪90年代以后,国外学者在微动损伤的机理研究上提出了开创性新理论:

(1)第二体理论:该理论认为在微动磨损过程中,由于产生了磨屑,因此摩擦系统会由二体接触变为三体接触。三体接触可分为5个位置,每个位置都有4种调节方式(弹变、断裂、剪切、滚动)。

(2)速度调节机理:三体接触中的5个位置,每个位置都有4种调节方式,共有20种可能运用的调节机理,多次测试结果证明,滑移幅度的变化就是通过速度调节机理实现的。

(3)微动图:微动图理论揭示了微动磨损的运行机制和破坏规律,是近年来微动领域最具代表性的进展。微动图包括运行工况微动图和材料响应微动图,运行工况微动图由混合区和滑移区组成,其区域的划分由摩擦力、位移幅值、循环次数的变化特征确定,混合区的形成和大小主要与摩擦副的特性、界面介质有关;材料响应微动图由轻微损伤区、裂纹区和磨损区组成,其区域的划分主要由损伤类型确定,损伤区域分布、尺寸大小与循环次数密切相关。

国内学者根据非平衡态热力学理论,提出了一种新的研究微动损伤机理的方法,该方法认为完善的摩擦学理论应该涵盖摩擦磨损过程的各种因素,即力学效应、热作用、电磁作用、化学作用和材料效应5个方面。由此提出了描述微动损伤的数学模型,并预测了在不同微动参数下的磨损区形貌和磨损产物,在微动试验机上开展的试验结果表明所做的预测是正确的。

3.3.2 航空渐开线花键副的磨损机理分析

通过上述对磨损的宏观形式、微观形式、各磨损形式及其机理的分析,综合航

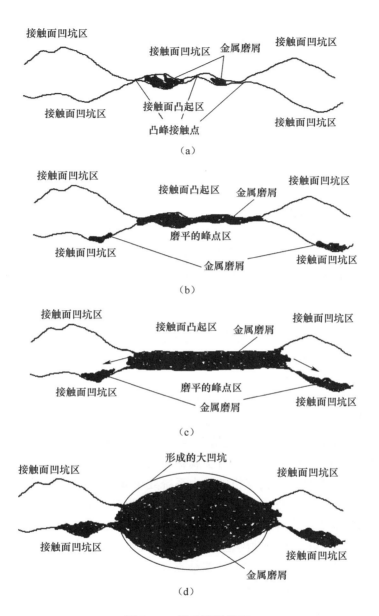

图 3-10 微动磨损模型
(a)初始表面粗糙度不平造成的磨屑堆积;(b)几个接触凸峰点被磨平形成较大面积接触;
(c)磨屑溢出到附近凹坑区;(d)形成大凹坑。

空渐开线花键副的工程失效件分析,可得出航空渐开线花键副的磨损机理如下。

1. 固定式航空渐开线花键副磨损机理

对于航空渐开线花键副,由于其运行工况特殊,运行过程中均承受周期波动载荷,且在花键副的制造、装配过程中存在误差会造成齿侧间隙不均,形成啮合刚度的变动,使得花键副在工作过程中产生振动。据分析,航空花键副在不同工况下的振动位移均处于 50μm 以下。对于固定式渐开线花键,由于相比于振动位移,齿间相对滑移均较小,故振动位移可以作为键齿间发生微幅运动的主要依据,也由此可见,花键副接触表面之间存在微幅运动。同时通过分析可知[87],对于航空渐开线花键副,各种工况下两相互接触的键齿表面均存在正、反两方向的振动位移。这种振动位移阻止了接触面间稳定油膜的形成,导致花键副在工作过程中参与啮合的花键齿均处于金属面与金属面的直接接触中,致使花键齿面产生变形。

在微幅振动及交变接触压力的情况下,以民用飞机为例来分析其微动磨损机理,航空渐开线花键副必然发生微动磨损。民用飞机中的渐开线花键副工作时经历滑行、起飞、巡航、降落、着陆 5 个状态,每个状态下,发动机的工作参数的不同会导致花键副工况也不同。故结合航空发动机的 5 个工作状态,根据上述微动磨损理论和对大量已报废的航空花键副件的损坏形式和现象进行观察分析,可得出航空渐开线花键副的微动磨损机理。

在飞机的整个运行寿命中,受制造误差导致的花键齿面几何形状精度误差累积、径向间隙、侧隙及轴平行度等几何参数的影响,花键副在循环变化载荷作用下,几个阶段的磨损机理如下。

当飞机处于滑行状态时,花键副振动频率较小,参与啮合的键齿接触面压力虽然达到极限值,但此时润滑油的作用较好,密封前花键副周围存在氧气等氧化性介质,故在该运行状态下,花键副磨损情况轻微,仅以参与啮合的键齿上很小的接触区域产生粘着磨损为主,但几乎没有金属颗粒的分离。

当飞机处于起飞阶段时,飞机的动力系统处于最大加力状态,花键副振动频率增加,其运行过程中的温度变高,接触区域内的润滑油被强制挤出,造成不好的润滑条件,使滑行状态时发生磨损的键齿直接接触区域面积在本阶段随着载荷循环次数增加而增加。再加上花键副运动过程中的温度变化,从而发生金属与金属间的粘着效应,而由该效应所形成的粘着结点随着摩擦副表面相对滑移发生剪切断裂,使得该运动副表面和次表面产生大量粘着磨损,发生金属迁移,并出现金属颗粒的分离。这些分离的金属颗粒在润滑油中被残留的氧化性介质氧化,形成氧化膜,产生氧化磨损。同时,从拆卸下来的航空花键副上擦下来的润滑油中不但发现了红褐色磨屑,还发现了少量灰褐色磨屑。灰黑色磨屑是氧化产物四氧化三铁。在该阶段,花键主要以粘着磨损、氧化磨损,伴随少量磨粒磨损的形式发生磨损。

当飞机处于巡航状态时,花键副处于稳态工作环境,花键副仍以粘着磨损、氧化磨损及磨粒磨损为主,但在本阶段,粘着磨损及氧化磨损相比于起飞状态时稍有减少,磨粒磨损作用增加。这是由于齿在滑行和起飞阶段时产生的磨损,使齿的接触区域越来越大,导致参与接触的键齿都紧密接触,使得氧化磨损产生的氧化物磨屑不易排出。这些氧化产物在循环交变载荷引起的相对位移下,与粘着磨损产生的磨损碎片及落入连接件中的外来磨料(灰尘、润滑油中夹杂的杂质颗粒等)一起充当磨粒,在花键副件的旋转滑动过程中移动于内、外花键副参与摩擦接触的键齿表面,致使花键副表面材料脱落,从而形成三体磨粒磨损。

当飞机处于降落及着陆状态时,则主要以磨粒磨损为主,同时伴有轻微粘着磨损及氧化磨损继续加快花键齿的磨损。

上述为飞机一个起落循环内的磨损机理。之后的起落循环磨损机理与此相同,只是后续起落循环中从滑行状态开始,由于前期磨损的积累,花键齿初始接触面积随着起落循环的增加而越来越大,磨损程度越来越严重,最终,在多个起落循环即整个载荷循环次数后,导致航空花键副在交变载荷冲击下键齿表面发生破坏。

2. 浮动式航空渐开线花键副磨损机理

综上所述,对于浮动式航空渐开线花键副,由于其运行工况特殊,运行过程中均承受周期波动载荷,且在花键副的制造、装配过程中误差造成齿侧间隙不均,形成啮合刚度的变动,使得花键副在工作过程中产生微副振动。在微幅振动及交变接触压力的情况下,航空渐开线花键副必然发生微动磨损与微动疲劳,最重要的是,对于浮动花键副设计有浮动距离,加之尾轴变形、定心面被磨损以及超临界轴自激振荡的影响,其磨粒磨损非常严重。尤其对于直升机主减中的浮动花键,其磨损更为严重。渐开线花键副工作时经历起飞、巡航、降落3个状态,每个状态下发动机的工作参数的不同导致花键副工况也不同。故结合航空发动机的3个工作状态,根据上述磨损理论和对大量已报废的航空花键副件的损坏形式和现象进行观察分析,可得出直升机浮动式航空渐开线花键副的磨损机理。

在直升机的整个运行寿命中,受制造误差导致的花键齿面几何形状精度误差累积、径向间隙、侧隙及轴平行度等几何参数的影响,花键副在循环变化载荷作用下,几个状态的磨损机理如下。

当直升机处于起飞阶段时,直升机的动力系统处于最大加力状态,花键副振动频率增加,花键副输入转矩具有交变性,该交变外载荷构成了花键副振动的外部激励。同时,由啮合齿对数变化引入的综合啮合刚度时变性以及制造与安装引起的几何误差等构成了花键副振动的内部激励。这种既存在极端工况,又受内、外激励共同作用导致的花键副非线性振动,使得原设计相对静止的两花键接触面产生了明显的微幅运动。而微动的反复作用使接触表面产生微动磨损。同时,其运行过程中的温度变高,接触区域内的润滑油被强制挤出,造成不好的润滑条件,加上尾轴变形使得内、外设计有轴向移动的花键产生了相对较大的滑移距离,导致花键接触面间磨粒磨损严重。由于尾轴变形导致的滑动较为激烈,这种磨粒磨损会将微动磨损后的键齿表面磨损掉,再加上花键副运动过程中的温度变化,从而发生金属与金属间的粘着效应,而由该效应所形成的粘着结点随着摩擦副表面相对滑移发生剪切断裂,使得该运动副表面和次表面产生大量粘着磨损,发生金属迁移,并出现金属颗粒的分离。这些分离的金属颗粒充当磨粒,促进并加快了该阶段的花键副接触面出现较多犁沟,故磨粒磨损现象加重。因此,在该阶段花键主要以磨粒磨损和粘着磨损的形式发生磨损,同时伴随微动磨损。

当直升机处于巡航状态时,花键副处于稳态工作环境,磨粒磨损现象降低,但花键副在其复杂工况及自身制造加工误差的影响下仍以粘着磨损及磨粒磨损为主。由于花键内、外的微动作用不可避免,故本阶段依然存在微动磨损,但在本阶段,由于润滑油的作用,除了以上 3 种磨损形式外,还存在氧化磨损。这是由于键齿在起飞阶段时产生的磨损,使键齿的接触区域越来越大,导致参与接触的键齿都紧密接触,使得氧化磨损产生的氧化物磨屑不易排出。这些氧化产物在循环交变载荷引起的相对位移下,与粘着磨损产生的磨损碎片及落入连接件中的外来磨料(灰尘、润滑油中夹杂的杂质颗粒等)一起充当磨粒,在花键副件的旋转滑动过程中移动于内、外花键副参与摩擦接触的键齿表面,致使花键副表面材料脱落,从而形成三体磨粒磨损。

当直升机处于降落及着陆状态时,承受了不规则频率的冲击载荷,故主要以磨粒磨损为主,且磨粒磨损非常严重,同时伴有轻微粘着磨损、微动磨损及氧化磨损继续加快花键齿的磨损。

上述为直升机一个起落循环内的磨损机理。之后的起落循环磨损机理与此相同,只是后续起落循环中从起飞状态开始,由于前期磨损的积累,不带定心面的渐开线花键在一定载荷循环次数下,较早的比带定心面的花键齿侧间隙增大,振动作用加强,加上尾轴变形拉动花键相对滑动,其磨损越来越严重,最终失效。而带定心面的由于其在一定程度上改善了花键的不对中现象,故在不带定心面的花键前期磨损到一定程度时,带定心面的花键磨损没有不带定心面的严重,但后期经过磨损累积,定心面被磨损,定位间隙增大,定位间隙的增大使得带定心面的花键的工况比不带定心面的花键的工况还差,其不对中工况更为严重,故当经历一定的多个磨损循环后,带定心面的花键在不对中、尾轴变形及外输入交变载荷等复杂工况耦合作用下将迅速磨损并失效。

第4章 航空渐开线花键副非线性动态啮合力计算

在航空渐开线花键副的运行过程中,由于初始工况和系统运行过程中横向振动的影响,系统存在静态不对中量和动态不对中量。其中静态不对中量由初始状态内、外花键不对中导致,动态不对中量由系统运行过程中花键 x、y 方向横向振动导致。二者的不对中作用和内、外花键齿相对扭转变形共同造成渐开线花键副受载齿数和每对齿受载大小程度发生变化。进而导致花键副在 x、y 方向上产生激励,造成花键 x、y 方向的振动。因此本章探讨了在不对中、横向和扭转振动影响下的花键副啮合力公式,对啮合力公式做了详细的推导和解释说明。

4.1 啮合线相对位移分析

为便于求解啮合线相对位移,简化计算,继而求得渐开线花键副啮合力,这里将渐开线齿形简化为梯形齿,下面啮合线相对位移的计算均按梯形齿情况进行推导。

如图 4-1 所示,本章涉及的啮合线相对位移求解流程如下:①依据外花键 x、y 横向振动位移,求出外花键在某一时刻各齿沿啮合线的位移(这里以某个齿的移动情况为例进行说明);②依据内花键 x、y 横向振动位移,求出内花键在某一时刻各齿沿啮合线的位移(内花键啮合线位移公式与外花键相同,不再另行说明);③将求得的内、外花键啮合线位移进行叠加,与相对扭转引起的啮合线相对位移一起,共同组成内、外花键啮合线相对位移公式。

规定花键的工作齿廓沿啮合线向齿内移动为负,向齿外移动为正。下面以外花键的位移为例进行相关推导。

在图 4-2 中,以外花键圆心 O 为起始点,过分度圆与外花键某齿的工作齿廓交点 A 作射线 OA;再以 A 点为起始点作线段 AN 与外花键基圆相切于 N 点。由渐开线性质,$\angle AON = \alpha_0$。α_0 为分度圆压力角(弧度);线段 AN 垂直于齿廓侧线(虽然齿形已经简化,但部分性质仍按渐开线来计算)。

首先,定义外花键在某一时刻某个齿的转角,如图 4-2 所示。

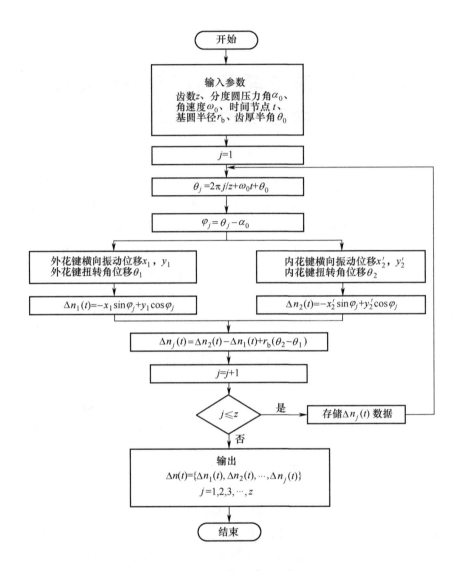

图 4-1 啮合线相对位移求解流程

$$\theta_j = 2\pi j/z + \omega_0 t + \theta_0 (\theta_0 = \pi/2z) \quad (4-1)$$

式中：z 为齿数；j 为键齿编号；ω_0 为花键角速度（rad/s）；t 为时间（s）；θ_0 为分度圆齿厚半角（弧度）。

其次定义工作齿廓侧线与 x 方向的角度 φ_j：

$$\varphi_j = \theta_j - \alpha_0 = 2\pi j/z + \omega_0 t + \theta_0 - \alpha_0 \quad (4-2)$$

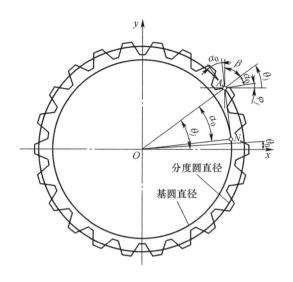

图 4-2 某时刻外花键单齿转角及相关关系

在图 4-3 中,以外花键某个齿为例,其工作齿廓初始位置位于图中标注的直线处,工作齿廓与分度圆交点在初始时刻位于 A 点,由于横向振动位移的存在,工作齿廓位置发生了变化,相应地,A 点移动到 A_2 处。线段 JA 和线段 KA_1 所在直线方向为啮合线方向。由平动的规律可知,线段 JA 和线段 KA_1 所在直线互相平行,其对应的工作齿廓侧线(线段 A_2A_3 所在的外花键平移后的齿廓直线和线段 AA_1 所在的外花键初始未平移时的齿廓直线)也互相平行。过 L 点分别作线段 LJ 垂直于 AA_3 所在直线和线段 LK 垂直于 A_1A_2 所在直线。

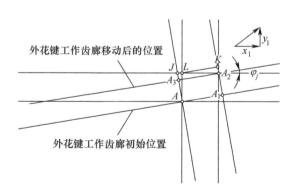

图 4-3 外花键单个齿沿啮合线位移(移动方式 $x_1>0$, $y_1>0$)

由几何关系可知

$$\begin{cases} \angle LA_2A_3 = \varphi_j \\ \angle KLA_2 = \angle LA_2A_3 = \varphi_j \\ \angle A_3AL = \angle LA_2A_3 = \angle KLA_2 = \varphi_j \end{cases} \quad (4\text{-}3)$$

假定图 4-3 中的外花键先沿 x 轴正向平移 x_1 的距离再沿 y 轴正向平移 y_1 的距离,由图中可以看出,线段 LA_2 的长度为外花键 x 向平移的距离 x_1,线段 LA 的长度为外花键 y 向平移的距离 y_1。啮合线上的位移为线段 AA_3 或线段 A_1A_2 的长度。由图可知,线段 AA_3 的长度等于线段 JA 的长度与线段 JA_3 的长度之差,即 $l_{AA_3} = l_{JA} - l_{JA_3}$。

在 $\square JA_3A_2K$、$\triangle LKA_2$、$\triangle LJA$ 中,由几何关系:

$$\begin{cases} l_{JA_3} = l_{KA_2} \\ l_{KA_2} = l_{LA_2}\sin\varphi_j = x_1\sin\varphi_j \\ l_{JA} = l_{LA}\cos\varphi_j = y_1\cos\varphi_j \end{cases} \quad (4\text{-}4)$$

故在图 4-3 中(外花键均沿 x 和 y 正向移动且 φ_j 在第一象限的情况下),该齿沿啮合线移动距离的绝对值为

$$|\Delta n_1| = l_{AA_3} = l_{JA} - l_{JA_3} = y_1\cos\varphi_j - x_1\sin\varphi_j \quad (4\text{-}5)$$

规定在工作齿廓上沿啮合线向齿内移动为负,向齿外移动为正;由图 4-3 中的线段长度关系可知,$l_{JA} > l_{JA_3}$,则啮合线位移 Δn_1 为正。

在图 4-4 中,假定外花键的移动方式为沿 x 轴正向平移 l^* 的距离,再沿 y 轴负向平移 y_1 的距离。线段 AK 的长度为外花键 x 方向移动的距离,线段 A_2K 的长度为外花键 y 方向移动的距离。沿啮合线的移动距离为线段 AA_3 或线段 A_1A_2 的长度。由余角的性质可知,$\angle AKJ = \angle A_1A_2K = \varphi_j$。

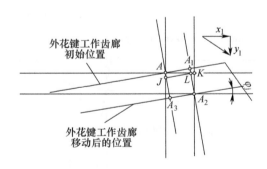

图 4-4 外花键单个齿沿啮合线位移(移动方式 $x_1>0$, $y_1<0$)

由几何关系知，$\square AJLA_1$ 和 $\square JA_3A_2L$ 均为矩形，线段 AJ 的长度等于线段 A_1L 的长度：

$$\begin{cases} l_{AJ} = l_{A_1L} \\ l_{AJ} = l_{AK}\sin\varphi_j = x_1\sin\varphi_j \\ l_{LA_2} = l_{KA_2}\cos\varphi_j = |y_1|\cos\varphi_j \end{cases} \tag{4-6}$$

线段 A_1A_2 的长度（外花键沿啮合线的移动距离）为

$$|\Delta n_1| = l_{A_1A_2} = l_{A_1L} + l_{LA_2} = x_1\sin\varphi_j + |y_1|\cos\varphi_j \tag{4-7}$$

由上文中 Δn_1 正负规定和图 4-4 中的情况可知，外花键工作齿廓侧线由线段 AA_1 所在的位置移动到 A_2A_3 所在的位置，移动方向为沿啮合线向齿内移动，则 Δn_1 为负值。而由式（4-7）可知，y_1 为负值，φ_j 位于第一象限，则根据 Δn_1 正负定义，去掉绝对值的啮合线位移公式变为

$$\Delta n_1 = -(x_1\sin\varphi_j - y_1\cos\varphi_j) = -x_1\sin\varphi_j + y_1\cos\varphi_j \tag{4-8}$$

对于 φ_j 位于其他象限以及外花键在其他象限的 x 向、y 向移动情况，啮合线位移公式的推导过程与前文类似，本书在此不多做赘述，不再配图说明。

尽管 φ_j 所在的象限不同以及在各象限内单齿的移动方式不同，但外花键单齿沿啮合线位移公式均是一致的。

$$\Delta n_1(t) = -x_1\sin\varphi_j + y_1\cos\varphi_j \tag{4-9}$$

对于内花键，其啮合线位移公式的推导和形式与外花键一致，不再赘述。公式为

$$\Delta n_2(t) = -x_2'\sin\varphi_j + y_2'\cos\varphi_j \tag{4-10}$$

总的内、外花键啮合线相对位移公式为

$$\begin{aligned} \Delta n_j(t) &= \Delta n_2(t) - \Delta n_1(t) + r_b(\theta_2 - \theta_1) \\ &= (x_1 - x_2')\sin\varphi_j - (y_1 - y_2')\cos\varphi_j + r_b(\theta_2 - \theta_1) \end{aligned} \tag{4-11}$$

各象限的啮合线位移公式推导如表 4-1 所列。表 4-1 包括了之前提到的当外花键某齿位于第一象限内时，外花键的 4 种不同移动方式引起的啮合线上位移情况；同时也列举了未提到的在其他象限内的啮合线位移情况。由表 4-1 可以看出，去掉绝对值后外花键单齿啮合线位移公式均是一致的。

表 4-1 啮合线位移公式推导

φ_j 所在象限	移动方式	啮合线位移公式
$0 \leqslant \varphi_j \leqslant \dfrac{\pi}{2}$	$x_1 \geqslant 0, y_1 \leqslant 0$	$\|\Delta n_1\| = -\|x_1\|\|\sin\varphi_j\| - \|y_1\|\|\cos\varphi_j\|$
	$x_1 > 0, y_1 > 0$	$\|\Delta n_1\| = -\|x_1\|\|\sin\varphi_j\| + \|y_1\|\|\cos\varphi_j\|$
	$x_1 < 0, y_1 > 0$	$\|\Delta n_1\| = \|x_1\|\|\sin\varphi_j\| + \|y_1\|\|\cos\varphi_j\|$
	$x_1 < 0, y_1 < 0$	$\|\Delta n_1\| = \|x_1\|\|\sin\varphi_j\| - \|y_1\|\|\cos\varphi_j\|$
	\multicolumn{2}{c}{$\Delta n_1 = -x_1 \sin\varphi_j + y_1 \cos\varphi_j$}
$\dfrac{\pi}{2} < \varphi_j \leqslant \pi$	$x_1 \geqslant 0, y_1 \leqslant 0$	$\|\Delta n_1\| = -\|x_1\|\|\sin\varphi_j\| + \|y_1\|\|\cos\varphi_j\|$
	$x_1 > 0, y_1 > 0$	$\|\Delta n_1\| = -\|x_1\|\|\sin\varphi_j\| - \|y_1\|\|\cos\varphi_j\|$
	$x_1 < 0, y_1 > 0$	$\|\Delta n_1\| = \|x_1\|\|\sin\varphi_j\| - \|y_1\|\|\cos\varphi_j\|$
	$x_1 < 0, y_1 < 0$	$\|\Delta n_1\| = \|x_1\|\|\sin\varphi_j\| + \|y_1\|\|\cos\varphi_j\|$
	\multicolumn{2}{c}{$\Delta n_1 = -x_1 \sin\varphi_j + y_1 \cos\varphi_j$}
$\pi < \varphi_j \leqslant \dfrac{3\pi}{2}$	$x_1 \geqslant 0, y_1 \leqslant 0$	$\|\Delta n_1\| = \|x_1\|\|\sin\varphi_j\| + \|y_1\|\|\cos\varphi_j\|$
	$x_1 > 0, y_1 > 0$	$\|\Delta n_1\| = \|x_1\|\|\sin\varphi_j\| - \|y_1\|\|\cos\varphi_j\|$
	$x_1 < 0, y_1 > 0$	$\|\Delta n_1\| = -\|x_1\|\|\sin\varphi_j\| - \|y_1\|\|\cos\varphi_j\|$
	$x_1 < 0, y_1 < 0$	$\|\Delta n_1\| = -\|x_1\|\|\sin\varphi_j\| + \|y_1\|\|\cos\varphi_j\|$
	\multicolumn{2}{c}{$\Delta n_1 = -x_1 \sin\varphi_j + y_1 \cos\varphi_j$}
$\pi < \varphi_j \leqslant 2\pi$	$x_1 \geqslant 0, y_1 \leqslant 0$	$\|\Delta n_1\| = \|x_1\|\|\sin\varphi_j\| - \|y_1\|\|\cos\varphi_j\|$
	$x_1 > 0, y_1 > 0$	$\|\Delta n_1\| = \|x_1\|\|\sin\varphi_j\| + \|y_1\|\|\cos\varphi_j\|$
	$x_1 < 0, y_1 > 0$	$\|\Delta n_1\| = -\|x_1\|\|\sin\varphi_j\| + \|y_1\|\|\cos\varphi_j\|$
	$x_1 < 0, y_1 < 0$	$\|\Delta n_1\| = -\|x_1\|\|\sin\varphi_j\| - \|y_1\|\|\cos\varphi_j\|$
	\multicolumn{2}{c}{$\Delta n_1 = -x_1 \sin\varphi_j + y_1 \cos\varphi_j$}

本节针对外花键,将其横向振动过程中 x、y 方向位移进行换算,得到了各齿啮合线位移情况,以相同的原理得出内花键啮合线位移,进而得到了内、外花键啮合线相对位移公式。在对外花键啮合线位移公式进行推导时,以几何方法讨论了某个齿在各象限及各种移动方式的位移情况,得出啮合线上位移对应的线段长度,该长度即为啮合线位移的绝对值;根据规定的啮合线位移正负情况,将绝对值去掉,即得到了最终的啮合线位移公式。

4.2 动态刚度计算

由于渐开线花键的啮合为多齿啮合且啮合频率未知,传统意义上适用于齿轮动力学的单双对齿交替啮合的时变啮合刚度已不再适用。本节研究的渐开线花键模型考虑了不对中、横向振动和扭转振动的影响,这些因素导致渐开线花键的齿对啮合数量随不对中和振动变化而变得不确定,且每对齿的啮合变形量也变得各不相同,因此适用于齿轮动力学和渐开线花键纯扭转模型的综合啮合刚度也不再适用。为了能够对啮合力进行表达,本节在单齿啮合刚度的基础上考虑了振动和不对中所造成的啮合点位移,推导出动态刚度。

4.2.1 啮合点位置确定

由于横向振动和不对中的存在,内、外花键键齿的啮合点位置已不再是分度圆与齿廓的交点,而是随着振动和不对中而改变,从而导致键齿受载位置变化,相应地,导致了啮合刚度发生变化。本书以 x,y 方向的不对中和振动位移作为初始条件,得出了键齿上啮合点的动态位置。

在图 4-5 中,以外花键中心为原点,作射线 OK 穿过外花键齿顶中点,令第 i 个齿与 x 轴的夹角为 θ_i,其表达式为

$$\theta_i = \frac{2\pi}{z}i + \omega_0 t \tag{4-12}$$

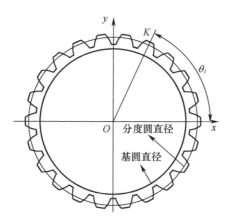

图 4-5 外花键第 i 个齿与 x 轴的夹角

内花键第 i 个齿与 x 轴的夹角与外花键相同。

图 4-6 为渐开线花键副第 i 对齿相对振动位移情况,为便于观察,将实际情况做放大处理。初始时刻内、外花键工作齿廓线互相重合,即 B、A 两点分别为初始时刻内、外花键啮合点(内、外花键分度圆与工作齿廓的交点),二者在初始时刻互相重合,相对位移通过内花键的移动来实现。线段 BB' 所在的齿廓线表示内花键齿形,线段 AA' 所在的齿廓线表示外花键齿形。假定外花键不动,内花键工作齿廓为由 AA' 所在线段沿水平和竖直方向平移 Δx 和 Δy 的距离到 BB' 所在的位置。

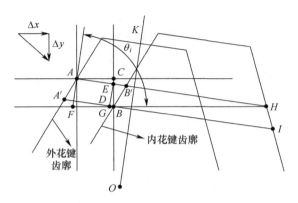

图 4-6 第一象限第 i 对齿工作齿廓相对振动位移情况

在图 4-6 中，过 A 点作垂直于射线 OK 的线段 AH（沿弦齿厚方向）与内花键齿廓交于 B' 点，同时过 B 点作垂直于射线 OK 的线段 $A'I$ 与外花键齿廓交于 A' 点，容易得知 AH 和 $A'I$ 互相平行。对于图 4-6 中的情况，将外花键上啮合点的移动视为沿齿廓表面从 A 点移动到 A' 处，内花键上啮合点的移动则视为沿齿廓表面从 B 点移动到 B' 处。由于后面计算啮合刚度时需要用到线段 AA' 或 BB' 在 OK 上的投影，所以本节在这里讨论该投影长度的计算方法。过 C 点作线段 CG 垂直于线段 AH 和线段 $A'I$，则 CG 平行于射线 OK，$\angle CGB = \theta_i$。由几何关系可知，投影长度与线段 ED 的长度相等，则 $l_{ED} = l_{CD} - l_{CE}$。

由 $\triangle CGB \sim \triangle CBD$ 和 $\triangle CAE \sim \triangle GCB$ 可知：$\angle CBD = \angle CGB = \theta_i$，$\angle ACE = \angle CGB = \theta_i$。

进而可得

$$\begin{cases} l_{CD} = l_{CB}\sin\theta_i \\ l_{CE} = l_{AC}\cos\theta_i \\ l_{ED} = l_{CB}\sin\theta_i - l_{AC}\cos\theta_i \end{cases} \quad (4-13)$$

显然线段 ED 的长度为

$$l_{ED} = |\Delta y| \cdot \sin\theta_i - |\Delta x| \cdot \cos\theta_i \quad (4-14)$$

对于外花键，规定在齿廓上沿齿根部移动情况 l_{ED} 为负值，沿齿顶部移动情况 l_{ED} 为正值，对于内花键，其 l_{ED} 的正负情况与外花键相同。图 4-6 中内、外花键齿的角度 θ_i 为第一象限，且内花键的移动方式为先沿 x 正向移动，随后沿 y 负向移动，则 $\Delta x > 0$、$\Delta y < 0$，综合分析可知

$$l_{ED} = \Delta y \cdot \sin\theta_i + \Delta x \cdot \cos\theta_i \quad (4-15)$$

$\Delta y = y_2 - y_1$，$\Delta x = x_2 - x_1$，由图可知，此时 l_{ED} 为负值，与沿齿根部移动 l_{ED} 为负值的规定相符。

第一象限第 i 对齿非工作齿廓相对振动位移情况如图 4-7 所示，在该图中，内花键移动情况为先沿 x 轴负向移动 Δx 的距离，再沿 y 轴正向移动 Δy 的距离。由前文规定可知，对于外花键，啮合点从 A 移动到 A' 点，沿远离齿根部移动，l_{ED} 为正值。为证明前文规定正确，由公式可知：

$$l_{ED} = |\Delta y| \cdot \sin\theta_i - |\Delta x| \cdot \cos\theta_i \tag{4-16}$$

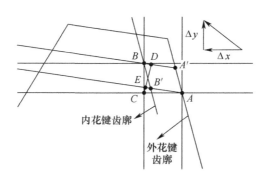

图 4-7　第一象限第 i 对齿非工作齿廓相对振动位移情况

由于 $\Delta x < 0, \Delta y > 0, \theta_i \in [0, \pi/2]$，则有

$$l_{ED} = \Delta y \cdot \sin\theta_i + \Delta x \cdot \cos\theta_i \tag{4-17}$$

在图 4-7 中，$l_{CD} = |\Delta y| \cdot \sin\theta_i > l_{CE} = |\Delta x| \cdot \cos\theta_i$，故 $l_{ED} > 0$，与前文规定相符。

由前文证明可知，对于 $\theta_i \in (0, \pi/2)$，以及图 4-6 和图 4-7 中的移动方式（$\Delta x > 0, \Delta y < 0$ 和 $\Delta x < 0, \Delta y > 0$）。工作齿廓和非工作齿廓的公式相同，均为

$$l_{ED} = \Delta y \cdot \sin\theta_i + \Delta x \cdot \cos\theta_i \tag{4-18}$$

当 $\theta_i \in (\pi/2, \pi)$ 时，对于图 4-8 中的情况，内、外花键的工作齿廓啮合，可视为内花键先沿 x 正向移动 Δx 的距离，再沿 y 正向移动 Δy 距离。由 $\triangle ECA \sim \triangle DBC$，$\angle DBC = \angle ACD$。

$$\begin{cases} l_{CD} = \Delta y |\sin(\pi - \theta_i)| \\ l_{CE} = \Delta x |\cos(\pi - \theta_i)| \end{cases} \tag{4-19}$$

由于在图 4-8 中内花键沿坐标轴正向移动，故 $\Delta x > 0, \Delta y > 0$，则啮合点移动距离的投影长度为

$$l_{ED} = l_{CD} - l_{CE} = \Delta y |\sin(\pi - \theta_i)| - \Delta x |\cos(\pi - \theta_i)| \tag{4-20}$$

去掉绝对值得

$$l_{ED} = \Delta y \sin\theta_i + \Delta x \cos\theta_i \tag{4-21}$$

由图 4-8 中线段的长度可知线段 CD 的长度大于线段 CE 的长度,故 l_{ED} 大于 0,与前文沿远离齿根移动为正的规定相符。

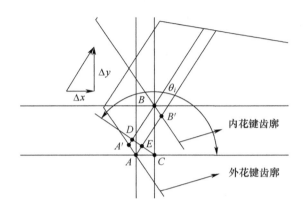

图 4-8　第二象限第 i 对齿工作齿廓相对振动位移情况

对于 θ_i 位于其他象限且内花键其他移动方式的情况,经推导,l_{ED} 的公式与前文公式相同,不再赘述。综上所述,啮合点沿齿廓移动的位移在 OK 方向的投影公式为

$$l_{ED} = \Delta y \sin\theta_i + \Delta x \cos\theta_i \tag{4-22}$$

通过整个分析过程可知,在假定外花键不动而内花键先沿 x 轴移动再沿 y 轴移动的情况下,内花键的移动方式有 4 种,即 x 正 y 正、x 正 y 负、x 负 y 正、x 负 y 负。而 θ_i 所在的区间为 4 个象限和坐标轴。同时啮合状态也分为工作齿廓啮合和非工作齿廓啮合。以上情况组成了内、外花键啮合点的不同位置状态,但无论何种情况,线段 ED 的长度公式均为 $l_{ED} = \Delta y \cdot \sin\theta_i + \Delta x \cdot \cos\theta_i$,且啮合点沿靠近齿根部移动 l_{ED} 为负,沿远离齿根部移动 l_{ED} 为正。对于外花键而言,由分度圆沿小径方向移动为负,沿远离小径方向移动为正。对于内花键而言,由分度圆沿大径方向移动为负,沿远离大径方向移动为正。即随着啮合点的移动,内、外花键上 l_{ED} 的正负符号相同。

4.2.2　动态啮合刚度计算

在理想情况下,受载位置位于节圆处,如图 4-9 与图 4-10 所示,以 F 表示花键齿受载的力,其在花键齿上的接触角为 φ。根据材料力学方法[89],将齿根部至受载处均匀划分为 n 个相同受载微段,每个受载微段的高度相同,厚度根据齿厚的不同沿齿根部逐渐增大。

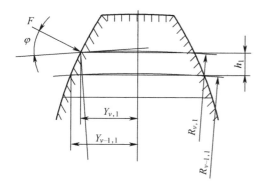

图 4-9 外花键受载示意图

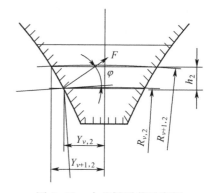

图 4-10 内花键受载示意图

(1) 微段高度：

$$h_u = \frac{h_{fu}}{n} \quad (4-23)$$

式中：$u=1$ 表示外花键，$u=2$ 表示内花键；对于外花键，h_{f1} 为外花键齿根高。

$$h_{f1} = 0.5(d_1 - d_{1\min}) \quad (4-24)$$

式中：d_1 为外花键分度圆直径(mm)；$d_{1\min}$ 为外花键小径(mm)。

对于内花键：

$$h_{a2} = 0.5(d_{2\max} - d_2) \quad (4-25)$$

式中：d_2 为内花键分度圆直径(mm)；$d_{2\max}$ 为内花键大径(mm)。

(2) 内、外花键第 v 段的表面半齿厚：

$$Y_{v,u} = 0.5\left\{\frac{SR_{v,u}}{r} \pm 2R_{v,u}[\mathrm{inv}(a_0) - \mathrm{inv}(a_{v,u})]\right\} \quad (4-26)$$

对于外花键，$Y_{v,u}$ 为第 v 段的上表面半齿厚；对于内花键，$Y_{v,u}$ 为第 v 段的下表面半齿厚。

$$Y_{v,1} = 0.5\left\{\frac{SR_{v,1}}{r} + 2R_{v,1}[\mathrm{inv}(a_0) - \mathrm{inv}(a_{v,1})]\right\} \quad (4-27)$$

$$Y_{v,2} = 0.5\left\{\frac{SR_{v,2}}{r} - 2R_{v,2}[\mathrm{inv}(a_0) - \mathrm{inv}(a_{v,2})]\right\} \quad (4-28)$$

式中：S 为分度圆齿厚(mm)；r 为分度圆半径(mm)；$\mathrm{inv}(a_0)$ 为分度圆压力角对应的渐开线函数，对于 30° 的压力角，有 $\mathrm{inv}(a_0) = \tan(\pi/6) - \pi/6$；$\mathrm{inv}(a_{v,u})$ 为第 v 段的上表面与齿廓相交处的压力角对应的渐开线函数。

$$\mathrm{inv}(a_{v,u}) = \tan(a_{v,u}) - a_{v,u} \quad (4-29)$$

$$a_{v,u} = \arccos\left(\frac{r_b}{R_{v,u}}\right) \quad (4-30)$$

式中:r_b 为基圆半径(mm);$R_{v,u}$ 为第 v 微段上表面半径(mm)。

举例说明:对于外花键的第 1 微齿段上表面,有 $R_{1,1} = r$,则第 1 段的上表面半齿厚 $Y_{1,1} = 0.5\{S \cdot R_{1,1}/r + 2R_{1,1}[\mathrm{inv}(a_0) - \mathrm{inv}(a_{1,1})]\}$。该齿段下表面 $R_{1-1,1} = r - h_1$,则第 1 段的下表面半齿厚 $Y_{1-1,1} = 0.5\{S \cdot R_{1-1,1}/r + 2R_{1-1,1}[\mathrm{inv}(a_0) - \mathrm{inv}(a_{1-1,1})]\}$。

对于外花键的第 2 微齿段上表面,有 $R_{2,1} = r - h_1$,则第 2 段的上表面半齿厚 $Y_{2,1} = 0.5\{S \cdot R_{2,1}/r + 2R_{2,1}[\mathrm{inv}(a_0) - \mathrm{inv}(a_{2,1})]\}$。该齿段下表面 $R_{2-1,1} = r - 2h_1$,则第 2 段的下表面半齿厚 $Y_{2-1,1} = 0.5\{S \cdot R_{2-1,1}/r + 2R_{2-1,1}[\mathrm{inv}(a_0) - \mathrm{inv}(a_{2-1,1})]\}$,以此类推,直到第 n 微齿段。

对于内花键的第 1 微齿段下表面,有 $R_{1,2} = r$,则第 1 段的下表面半齿厚 $Y_{1,2} = 0.5\{S \cdot R_{1,2}/r - 2R_{1,2}[\mathrm{inv}(a_0) - \mathrm{inv}(a_{1,2})]\}$。该齿段上表面 $R_{1+1,2} = r + h_2$,则第 1 段的上表面半齿厚 $Y_{1+1,2} = 0.5\{S \cdot R_{1+1,2}/r - 2R_{1+1,2}[\mathrm{inv}(a_0) - \mathrm{inv}(a_{1+1,2})]\}$。对于外花键的第 2 微齿段下表面,有 $R_{2,2} = r + 2h_2$,则第 2 段的下表面半齿厚 $Y_{2,2} = 0.5\{S \cdot R_{2,2}/r - 2R_{2,2}[\mathrm{inv}(a_0) - \mathrm{inv}(a_{2,2})]\}$。该齿段上表面 $R_{2+1,2} = r + 2h_2$,则第 2 段的上表面半齿厚 $Y_{2+1,2} = 0.5\{S \cdot R_{2+1,2}/r - 2R_{2+1,2}[\mathrm{inv}(a_0) - \mathrm{inv}(a_{2+1,2})]\}$。

(3) 第 v 个齿段上下表面平均面积 $A_{v,u}$:

$$\begin{cases} A_{v,1} = L(Y_{v,1} + Y_{v-1,1}) \\ A_{v,2} = L(Y_{v,2} + Y_{v+1,2}) \end{cases} \quad (4-31)$$

式中:L 为齿宽(mm)。

(4) 对于外花键,节圆处到第 v 个齿段上表面的距离:

$$S_{v,1} = r - R_{v,1} \quad (4-32)$$

对于内花键,节圆处到第 v 个齿段下表面的距离:

$$S_{v,2} = R_{v,2} - r \quad (4-33)$$

(5) 第 v 个齿段截面惯性矩 $I_{v,u}$:

$$\begin{cases} I_{v,1} = \dfrac{1}{3}L(Y_{v,1}{}^3 + Y_{v-1,1}{}^3) \\ I_{v,2} = \dfrac{1}{3}L(Y_{v,2}{}^3 + Y_{v+1,2}{}^3) \end{cases} \quad (4-34)$$

(6) 弹性模量:

$$E_\mu = \frac{E}{1 - \mu^2} \quad (4-35)$$

本节中的花键为侧面啮合的情况,对于侧面啮合的花键,仅考虑切向刚度。首先求出内、外花键单齿模型的弯曲、剪切柔度,对其相加,求出总的柔度,再求倒数,最终得到内、外花键单齿刚度。忽略轴基体变形和屈服挤压变形情况。

弯曲柔度计算公式为

$$\Delta_{b,u} = \frac{1}{E_\mu}\left[\begin{array}{l}\dfrac{\cos^2\varphi}{3}\sum_{v=1}^{n}\dfrac{h_u}{I_{v,u}}(h_u{}^2 + 3S_{v,u}h_u + 3S_{v,u}{}^2) - \\ Y_F\cos\varphi\sin\varphi\sum_{v=1}^{n}\dfrac{h_u}{I_{v,u}}(h_u + 2S_{v,u}) + Y_F{}^2\sin^2\varphi\sum_{v=1}^{n}\dfrac{h_u}{I_{v,u}}\end{array}\right] \qquad (4\text{-}36)$$

式中：φ 为啮合点接触角（rad），这里令其等于分度圆压力角；Y_F 为分度圆半齿厚（mm），$Y_F = 0.25\pi m$。

剪切柔度计算公式为

$$\Delta_{s,u} = \frac{1.2\cos^2\varphi}{G}\sum_{v=1}^{n}\frac{h_u}{A_{v,u}} \qquad (4\text{-}37)$$

一对齿总的柔度为

$$\Delta_T = \Delta_{b,1} + \Delta_{b,2} + \Delta_{s,1} + \Delta_{s,2} \qquad (4\text{-}38)$$

一对齿总的切向刚度为

$$K_T = \frac{1}{\Delta_T} \qquad (4\text{-}39)$$

前文已经提到，由于横向振动和不对中的存在，啮合点的位置（受载点位置）会发生改变，进而啮合角和微齿段的高度、微齿段表面半齿厚会有所不同，因而刚度不可避免地会发生变化，如图 4-11 与图 4-12 所示。

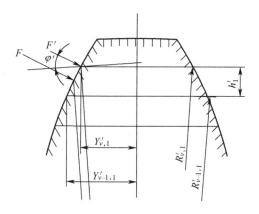

图 4-11　啮合点移动后外花键受载示意图

故微齿段高度 h_u 变为

$$h_u' = \frac{h_{fu} + L_{ed}}{n} \qquad (4\text{-}40)$$

对于外花键，第 v 微段上表面及下表面半径分别为

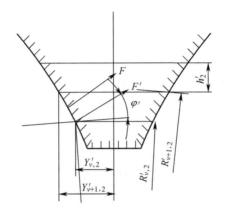

图 4-12 啮合点移动后内花键受载示意图

$$\begin{cases} R'_{v,1} = R_{v,1} + L_{\text{ed}} \\ R'_{v-1,1} = R_{v-1,1} + L_{\text{ed}} \end{cases} \quad (4\text{-}41)$$

对于内花键,第 v 微段下表面及上表面半径分别为

$$\begin{cases} R'_{v,2} = R_{v,2} + L_{\text{ed}} \\ R'_{v+1,2} = R_{v+1,2} + L_{\text{ed}} \end{cases} \quad (4\text{-}42)$$

相应地,对于外花键,节圆处到第 v 个齿段上表面的距离为

$$S'_{v,1} = r + L_{\text{ed}} - R'_{v,1} \quad (4\text{-}43)$$

对于内花键,节圆处到第 v 个齿段下表面的距离为

$$S'_{v,2} = r + L_{\text{ed}} - R'_{v,2} \quad (4\text{-}44)$$

Y_F 变为

$$Y'_F = 0.5 \left\{ \frac{S \cdot (r + L_{\text{ed}})}{r} - 2(r + L_{\text{ed}})[\text{inv}(a_0) - \text{inv}(a'_0)] \right\} \quad (4\text{-}45)$$

式中:a'_0 为 $(r + L_{\text{ed}})$ 位置处的压力角(rad)。

$$a'_0 = \arccos\left(\frac{r_b}{r + L_{\text{ed}}}\right) \quad (4\text{-}46)$$

将上述刚度公式中的相应参数替换成考虑横向振动和不对中后的参数,即得到动态刚度。

由第 2 章中的花键参数,在不考虑花键振动时(受载点始终位于花键的节圆处)计算得到花键单齿刚度为 $k_m = K_T = 1.5972 \times 10^6$ N/m;当考虑花键的横向振动和不对中时,受载点位置变化,计算得到的动态刚度如图 4-13 所示,计算所用到的其他参数参考第 5 章,不对中量为 $l_x = 3.78 \times 10^{-4}$ m。

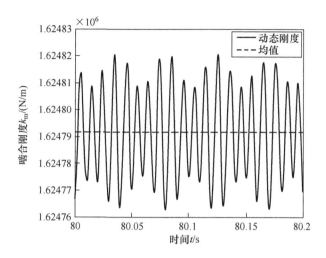

图 4-13 考虑横向振动和不对中时某对齿的动态刚度变化

由图 4-13 可以看出,动态刚度在以 1.62479×10^6 为均值的上下波动,波动的范围较小。

结合图 4-13 和图 4-14 分析可知,横向振动对于刚度的波动范围影响较小,但由于初始不对中的存在,动态刚度的波动均值会发生变化,且影响相对较大。

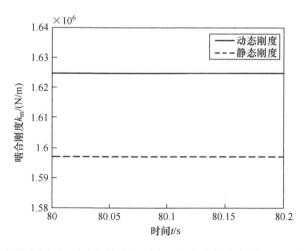

图 4-14 考虑横向振动、不对中的动态刚度和未考虑横向振动、不对中的静态刚度

由图 4-15 可知,动态刚度和静态刚度对啮合力矩的结果影响相对较小,但动态刚度程序在求解过程中需不断调用计算,造成计算机求解较慢,因此,本书在后续的计算中采用静态刚度数值进行求解计算。

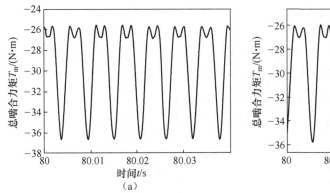
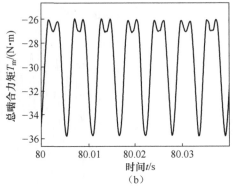

图 4-15 动态刚度和静态刚度对应的啮合力矩图像
(a)动态刚度对应的啮合力矩;(b)静态刚度对应的啮合力矩。

4.3 动态啮合力计算

根据分析结果,花键副系统无量纲啮合力公式为

$$\overline{F_{mx_1}} = \frac{F_{mx}}{m_1 l \omega^2}; \overline{F_{my_1}} = \frac{F_{my}}{m_1 l \omega^2}; \overline{F_{mx_2}} = \frac{F_{mx}}{m_2 l \omega^2}; \overline{F_{my_2}} = \frac{F_{my}}{m_2 l \omega^2};$$

$$\overline{T}_1 = \frac{r_b T_m}{J_1 l \omega^2} - \frac{r_b T_d}{J_M l \omega^2}; \overline{T}_2 = r_b T_m \left(\frac{1}{J_1 l \omega^2} + \frac{1}{J_2 l \omega^2} \right); \overline{T}_3 = \frac{r_b T_m}{J_2 l \omega^2} - \frac{r_b T_L}{J_L l \omega^2}$$

(4-47)

外花键各齿总啮合力沿坐标轴的分力 F_{mx}、F_{my} 为各单齿沿啮合线的啮合力 F_{nj} 沿坐标轴分力之和,若要求其表达式,首先需已知各单齿沿啮合线的啮合力公式:

$$F_{nj} = k_m g_j [\Delta n_j(t)] + c_m \dot{g}_j [\dot{\Delta n}_j(t)] \qquad (4-48)$$

式中: $g_j[\Delta n_j(t)]$ 为单对齿啮合变形量函数;$\dot{g}_j[\dot{\Delta n}_j(t)]$ 为单对齿啮合变形量函数导函数;k_m 为单对齿啮合刚度(N/m),本书的研究对象为侧边啮合的花键副,$k_m = k_T$;c_m 为单对齿啮合阻尼(N·s/m)。

由式(4-48)可知,单对齿啮合变形量函数 $g_j[\Delta n_j(t)]$ 及其导函数 $\dot{g}_j[\dot{\Delta n}_j(t)]$ 分别是以单对齿啮合线位移公式 $\Delta n_j(t)$ 和单对齿啮合线位移导数公式(单对齿啮合线速度公式) $\dot{\Delta n}_j(t)$ 为自变量的函数,其具体形式以分段函数体现,即

$$g_j[\Delta n_j(t)] = \begin{cases} \Delta n_j(t) - c_j' & (\Delta n_j(t) > c_j') \\ 0 & (-c_j \leq \Delta n_j(t) \leq c_j') \\ \Delta n_j(t) + c_j & (\Delta n_j(t) < -c_j) \end{cases} \quad (4-49)$$

$$\dot{g}_j[\dot{\Delta n}_j(t)] = \begin{cases} (\dot{\Delta n}_j(t)) & (\Delta n_j(t) > c_j' \& \Delta n_j(t) < -c_j) \\ 0 & (-c_j \leq \Delta n_j(t) \leq c_j') \end{cases} \quad (4-50)$$

式中：c_j 为初始时刻渐开线花键副第 j 对齿正向侧隙(m); c_j' 为初始时刻渐开线花键副第 j 对齿反向侧隙(m)。

对于不考虑横向振动和加工误差的花键，在初始对中情况下，c_j 和 c_j' 的值相同，同时与初始单边侧隙 c_0 相同，花键在工作时各齿对啮合线位移 $\Delta n_j(t)$ 相同，即 $\Delta n_j(t) = r_b(\theta_2 - \theta_1)$。

本书研究的对象为考虑横向振动的渐开线花键副，暂不考虑加工误差，初始时刻考虑了不对中条件。因此当不对中或横向振动发生时，渐开线花键在 x 或 y 方向具有一定的偏移量，因此在某些位置处花键齿对啮合紧密，其余位置处啮合稀疏，其紧密稀疏情况由各对齿啮合变形量直接决定。不对中和横向振动导致了各对齿啮合变形量的不同，进而从整体看来不同位置的花键齿稀疏程度不同。

由前文可知，单个齿对啮合线相对位移 $\Delta n_j(t)$ 方向为：在工作齿廓面，内、外花键单齿沿啮合线向齿内相对移动为负(逆外法线方向)，如图 4-16 所示；向齿外移动为正(沿外法线方向)，如图 4-17 所示。当 $\Delta n_j(t) > c_j'$ 时，说明内、外花键工作齿廓呈远离状态，其相对移动距离大于反向侧隙 c_j'，此时非工作齿廓产生啮合，啮合变形量 $g_j[\Delta n_j(t)]$ 为 $\Delta n_j(t) - c_j'$。当 $\Delta n_j(t) < -c_j$ 时，说明内、外花键工作齿廓呈靠近状态，其相对移动距离大于正向侧隙 c_j，此时工作齿廓产生啮合，啮合变形量为 $\Delta n_j(t) - c_j$。当 $-c_j \leq \Delta n_j(t) \leq c_j'$ 时，内、外花键相对移动距离未超过正向侧隙和反向侧隙，此时工作齿廓和非工作齿廓均未互相接触，啮合变形量为 0。

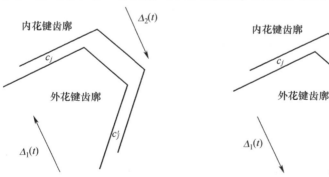

图 4-16　$\Delta n_j(t) < 0$ 相对移动情况　　图 4-17　$\Delta n_j(t) > 0$ 相对移动情况

以外花键受载为例，规定单齿法向啮合力 F_{nj} 方向与啮合变形量方向相同，即在工作齿廓表面,沿啮合线向内为负;在非工作齿廓表面,沿啮合线向内为正。而各单齿法向啮合力沿坐标轴分力 f_{njx}、f_{njy} 的方向除了与 F_{nj} 方向有关外,也与齿对所在位置(所在不同象限位置)有关。

如图 4-18 所示,以外花键单齿第一象限的情况为例,此时 F_{nj} 方向为负, f_{njx} 方向为正, f_{njy} 方向为负,则

$$\begin{cases} f_{njx} = -F_{nj}\sin\varphi_j \\ f_{njy} = F_{nj}\cos\varphi_j \end{cases} \tag{4-51}$$

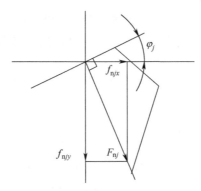

图 4-18 外花键上单齿啮合力沿坐标轴分力情况

对于外花键单齿在其他象限的情况, f_{njx} 和 f_{njy} 公式与上述公式相同。由此得到渐开线外花键各齿总啮合力沿坐标轴分力 F_{mx}、F_{my} 的公式为

$$\begin{cases} F_{mx} = \sum_{j=1}^{z} f_{njx} = -\sum_{j=1}^{z} F_{nj}\sin\varphi_j \\ F_{my} = \sum_{j=1}^{z} f_{njx} = \sum_{j=1}^{z} F_{nj}\cos\varphi_j \\ T_m = r_b \sum_{j=1}^{z} F_{nj} \end{cases} \tag{4-52}$$

以 $\overline{F_{mx_1}}$ 为例,无量纲化时,除以 $m_1 l\omega^2$,将其展开为

$$\overline{F_{mx_1}} = \frac{F_{mx}}{m_1 l\omega^2}$$

$$= -\sum_{j=1}^{z} \frac{F_{nj}}{m_1 l\omega^2}\sin\varphi_j$$

$$= -\sum_{j=1}^{z} \frac{k_m g_j[\Delta n_j(t)] + c_m \dot{g}_j[\Delta n_j(t)]}{m_1 l\omega^2}\sin\left(\frac{2\pi}{z}j + \omega_0 t + \theta_0 - \alpha_0\right)$$

$$= -\sum_{j=1}^{z} (\overline{k}_{mx_1} \overline{g_j[\Delta n_j(t)]} + \overline{c}_{mx_1} \overline{\dot{g}_j[\Delta n_j(t)]}) \sin\left(\frac{2\pi}{z}j + \overline{\omega_0}\tau + \theta_0 - \alpha_0\right) \quad (4-53)$$

其中

$$\overline{k}_{mx_1} = \frac{k_m}{m_1\omega^2},\ \overline{c}_{mx_1} = \frac{c_m}{m_1\omega},\ \overline{\omega_0} = \frac{\omega_0}{\omega},\ \tau = \omega t \quad (4-54)$$

单齿啮合变形量函数无量纲化形式为

$$\overline{g_j[\Delta n_j(t)]} = \frac{g_j[\Delta n_j(t)]}{l}$$

$$= \frac{1}{l}\begin{cases} \Delta n_j(t) - c_j' & (\Delta n_j(t) > c_j') \\ 0 & (-c_j \leq \Delta n_j(t) \leq c_j') \\ \Delta n_j(t) + c_j & (\Delta n_j(t) < -c_j) \end{cases}$$

$$= \begin{cases} \overline{\Delta n_j(t)} - \overline{c_j'} & (\overline{\Delta n_j(t)} > \overline{c_j'}) \\ 0 & (-\overline{c_j} \leq \overline{\Delta n_j(t)} \leq \overline{c_j'}) \\ \overline{\Delta n_j(t)} + \overline{c_j} & (\overline{\Delta n_j(t)} < -\overline{c_j}) \end{cases} \quad (4-55)$$

$$\overline{\Delta n_j(t)} = (\overline{x}_1 - \overline{x}_2')\sin\left(\frac{2\pi}{z}j + \overline{\omega_0}\tau + \theta_0 - \alpha_0\right) -$$
$$(\overline{y}_1 - \overline{y}_2')\cos\left(\frac{2\pi}{z}j + \overline{\omega_0}\tau + \theta_0 - \alpha_0\right) + \overline{\Delta}_2 \quad (4-56)$$

$$\overline{\dot{g}_j[\Delta n_j(t)]} = \frac{1}{l\omega}\dot{g}_j[\Delta n_j(t)]$$

$$= \begin{cases} \overline{\dot{\Delta} n_j(t)} & (\overline{\Delta n_j(t)} > \overline{c_j'}\ \text{或}\ \overline{\Delta n_j(t)} < -\overline{c_j}) \\ 0 & (-\overline{c_j} \leq \overline{\Delta n_j(t)} \leq \overline{c_j'}) \end{cases} \quad (4-57)$$

$$\overline{\dot{\Delta} n_j(t)} = (\dot{\overline{x}}_1 - \dot{\overline{x}}_2')\sin\left(\frac{2\pi}{z}j + \overline{\omega_0}\tau + \theta_0 - \alpha_0\right) +$$
$$(\overline{x}_1 - \overline{x}_2')\overline{\omega_0}\cos\left(\frac{2\pi}{z}j + \overline{\omega_0}\tau + \theta_0 - \alpha_0\right) -$$
$$(\dot{\overline{y}}_1 - \dot{\overline{y}}_2')\cos\left(\frac{2\pi}{z}j + \overline{\omega_0}\tau + \theta_0 - \alpha_0\right) +$$
$$(\overline{y}_1 - \overline{y}_2')\overline{\omega_0}\sin\left(\frac{2\pi}{z}j + \overline{\omega_0}\tau + \theta_0 - \alpha_0\right) + \dot{\overline{\Delta}}_2 \quad (4-58)$$

4.4 其余动力学参数确定

4.4.1 扭转刚度计算

在本书的试验装置中,外花键和原动机、内花键和负载之间的轴为变截面阶梯轴,为方便程序计算,文献[90]对轴系的扭转刚度进行了计算。

由文献[90],变截面阶梯轴的扭转刚度计算公式为

$$k_\mathrm{T} = \frac{\pi G D_{\min}^4}{32 L_\mathrm{d}} \tag{4-59}$$

式中:G 为材料剪切弹性模量(GPa),取 80GPa;$D_{\min}$ 为轴段最小截面直径(m);L_d 为阶梯轴当量长度(m),其计算公式为

$$L_\mathrm{d} = \sum_{k=1}^{n} L_k \frac{D_{\min}^4}{D_k^4} \tag{4-60}$$

式中:L_k 为各段阶梯轴长度(m);D_k 为各段阶梯轴直径(m);k 为阶梯数。

在本书的后续计算中,内、外花键轴的轴段长度和直径分别如表 4-2 所示。由表中数据,根据该扭转刚度计算公式得,外花键轴扭转刚度 $k_{\mathrm{T1}} = 7.856 \times 10^4 \mathrm{N \cdot m/rad}$,内花键轴扭转刚度 $k_{\mathrm{T2}} = 7.751 \times 10^4 \mathrm{N \cdot m/rad}$。

表 4-2 内、外花键轴段参数

外花键轴段直径 D_1/mm	外花键轴段长度 L_1/mm	内花键轴段直径 D_2/mm	内花键轴段长度 L_2/mm
55	32	55	42
57.5	79	57	79
50	22	50	22
48	15.5	48	15.5
40	20	40	20
39	25	39	25
30	52	30	52

4.4.2 啮合阻尼、扭转阻尼计算

啮合阻尼和扭转阻尼计算参考文献[91],计算公式如下。

啮合阻尼:

$$c_\mathrm{m} = 2\zeta_\mathrm{m} \sqrt{k_\mathrm{m} \frac{r_\mathrm{b}^2 J_1 J_2}{J_1 + J_2}} \tag{4-61}$$

式中：ζ_m 为啮合阻尼比，取值范围为 0.03~0.17，本书在后续的计算中取 0.1。

扭转阻尼：

$$\begin{cases} c_{T_1} = 2\zeta_T \sqrt{k_{T_1} \dfrac{J_M J_1}{J_M + J_1}} \\ c_{T_2} = 2\zeta_T \sqrt{k_{T_2} \dfrac{J_L J_2}{J_L + J_2}} \end{cases} \quad (4-62)$$

式中：ζ_T 为材料的扭转阻尼比，根据 Lin H H，Huston R L 等的研究，其值为 0.005~0.075，本书在后续的计算中取 0.007。

第5章　考虑不对中的航空渐开线花键副非线性动态啮合力研究

航空渐开线花键副的实际啮合齿对数与理论啮合齿对数是不相符的,尤其内、外花键轴在安装时就有不对中现象,或运行之前是对中的,运行过程中由于受热、受载及基础变形等原因,产生了不对中。这些不对中会不同程度地造成花键轴的弯曲及在花键轴上产生附加载荷,致使各键齿之间载荷重新分配,引起航空渐开线花键副系统动态啮合力具有非线性。而系统动态啮合力是预估航空渐开线花键副磨损的重要基础。故本章基于当前国内外渐开线花键副振动研究成果和存在的问题,以航空渐开线花键副为研究对象,基于动力学方法,采用龙格库塔法,在Matlab中对微分方程进行了求解,分析了对中和不对中情况下渐开线花键副总的啮合力沿x方向分力、总的啮合力矩,以及动载系数变化情况,并研究了不对中对各齿受载情况的影响。为设计高可靠性、高精度及高寿命的航空渐开线花键副奠定良好的数值基础。

5.1　动力学模型简化方法简介

机械动力学是现今研究机械在受力情况下运动行为的理论基础和研究工具。通过对机械设备进行动力学研究,能够发现机械在某一工况条件下的运动规律以及各部件之间的相互作用关系,从而对机械设备进行有针对性的优化和改进,使其更好地满足使用要求[92]。机械动力学的研究内容包括机械的运动规律、各机构运行过程中受力、机械的能量平衡与分配、回转机械的振动机理和平衡等。在应用机械动力学进行研究时,需将连续系统离散简化,其方法包括3种:①集中质量法;②假设模态法;③有限单元法。

1. 集中质量法

集中质量法又称为凝聚参数法,该方法以有限自由度数的集中质量块来代替连续系统的质量和惯性,建立和求解模型较为简单,应用广泛。集中质量法的特点是各个集中质量块仅有质量属性,每两个质量块之间以无质量等效弹簧连接,从而将一个无限自由度的连续系统简化成相对简单、离散的有限自由度系统,从而大大降低了计算量。集中质量法以线性坐标或角坐标来描述物体的运动,这些描述系统模型运动的最少坐标数目被称为自由度数。自由度数与模型的计算精度密切相关,自由度数越多,模型的计算精度越高,但所需计算量也越大。自由度数越少,模型精度越差,计算结果越偏离实际情况。因此一个合适的自由度数在保证精度、简化计算等方面至关重要。

2. 假设模态法

假设模态法是利用广义坐标对模型近似的一种方法,以有限个模态函数的线性组合作为连续系统模型的解。

$$y(x,t) = \sum_{i=1}^{\infty} \varphi_i(x) q_i(t) \tag{5-1}$$

式中:$\varphi_i(x)$ 为模态函数;$q_i(t)$ 为模态坐标。

取前 n 个有限的项近似作为系统的解,得到

$$y(x,t) = \sum_{i=1}^{n} \varphi_i(x) q_i(t) \tag{5-2}$$

式中:$\varphi_i(x)$ 为系统实际的模态函数,计算所采用模态函数的项数 n 越大,$\varphi_i(x)$ 越逼近真实模态,最终求解后的模型精度越高,但所需计算量也越大。

3. 有限单元法

有限单元法的求解思路可以简要概括为两个方面:化整为零和积零为整。首先把一个连续体离散成有限个微小单元,单元之间关系的传递通过节点实现,对每个单元进行力学分析后再将其集合成一个整体来进行分析。有限单元法在求解过程中以矩阵形式进行数学表述,该形式便于程序设计,可以借助计算机的优势而快速得出结果。同时,若计算机的性能允许,能够通过划分足够多的网格来提高计算精度。目前常用的有限元软件有 ANSYS、ABAQUS、COSMOS、NASTRAN 等。

本章采用集中质量法对系统模型进行简化。

5.2　渐开线花键副系统动力学模型

5.2.1　不对中工况分析

如图 5-1 所示,本书仅在 xOy 平面内分析渐开线花键系统振动情况,z 向自由度不加考虑。同时不考虑花键轴端部联轴器的影响,仅分析花键副处的行为,并假定不对中产生的原因为支承处存在微小偏移。

由图 5-1 可以看出,假定初始状态的平行不对中由内花键沿某一坐标轴移动一段距离 l_x 或 l_y 形成。由于本书未考虑 z 向自由度,以 y 轴方向不对中为例,平行不对中变为沿 y 轴平移一段距离 l_y,x 轴方向不对中情况与此类似。则原来的内花键 x、y 轴坐标变为

$$\begin{cases} y_2' = y_2 + l_y \\ x_2' = x_2 + l_x \end{cases} \tag{5-3}$$

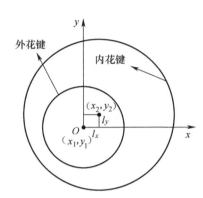

图 5-1 平行不对中示意图

5.2.2 系统动力学模型

采用集中质量法建立的系统在三维平面内的动力学模型示意图如图 5-2 所示,图中从左到右 4 个标有 1、2、3、4 的集中质量盘分别表示原动机、外花键、内花键、负载。原动机和外花键之间以无质量弹性轴连接,轴的扭转刚度和扭转阻尼分别为 k_{T_1}、c_{T_1},同理,内花键和负载之间也以无质量弹性轴连接,轴的扭转刚度和扭转阻尼分别为 k_{T_2}、c_{T_2};内、外花键之间则通过渐开线齿来连接,其间考虑了啮合刚度 k_m、啮合阻尼 c_m、工作齿廓侧隙 c_j 和非工作齿廓侧隙 c_j'。在内、外花键处有支承刚度和支承阻尼的作用,其中 k_{px_1}、k_{py_1}、k_{px_2}、k_{py_2} 分别为外花键、内花键 x 轴方向、y 轴方向的支承刚度;c_{px_1}、c_{py_1}、c_{px_2}、c_{py_2} 分别为外花键、内花键沿 x 轴方向、y 轴方向的支承阻尼;系统输入扭矩和负载扭矩分别为 T_d、T_L。

对于动力微分方程的建立,有牛顿第二定律、哈密尔顿原理、影响系数法、拉格朗日方程等方法。这里采用牛顿第二定律的方法建立花键副系统的运动微分方程,以 $\{x_1, y_1, \theta_1; x_2, y_2, \theta_2; \theta_M, \theta_L\}$ 作为系统的自由度。其中 x_1、y_1、θ_1 分别为外花键 x 向振动位移(m)、y 向振动位移(m)、绕轴扭转角位移(rad);x_2、y_2、θ_2 分别为内花键 x 向振动位移(m)、y 向振动位移(m)、绕轴扭转角位移(rad);θ_M、θ_L 分别为原动机扭转角位移(rad)、负载扭转角位移(rad)。由于轴和键齿的扭转变形,各扭转自由度均不相同。在图 5-2 中,1 为主减速器输出齿轮等效转动盘,2 为内花键,3 为外花键,4 为旋翼主轴的等效转动盘。

假定外花键和内花键支承刚度和支承阻尼在 x 和 y 方向相同,即
$k_{px_1} = k_{py_1} = k_{p_1}$;$k_{px_2} = k_{py_2} = kp2$;$c_{px_1} = c_{py_1} = cp1$;$c_{px_2} = c_{py_2} = cp2$。

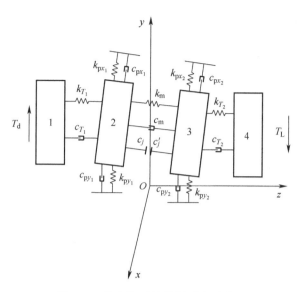

图 5-2 航空渐开线花键动力学模型

动力学微分方程为

$$\begin{cases} J_M\ddot{\theta}_M + k_{T_1}(\theta_M - \theta_1) + c_{T_1}(\dot{\theta}_M - \dot{\theta}_1) = T_d \\ m_1\ddot{x}_1 + k_{p_1}x_1 + c_{p_1}\dot{x}_1 = F_{mx} \\ m_1\ddot{y}_1 + k_{p_1}y_1 + c_{p_1}\dot{y}_1 = F_{my} - m_1 g \\ J_1\ddot{\theta}_1 + k_{T_1}(\theta_1 - \theta_M) + c_{T_1}(\dot{\theta}_1 - \dot{\theta}_M) = T_m \\ m_2\ddot{x}_2' + k_{p_2}x_2' + c_{p_2}\dot{x}_2' = -F_{mx} \\ m_2\ddot{y}_2' + k_{p_2}y_2' + c_{p_2}\dot{y}_2' = -F_{my} - m_2 g \\ J_2\ddot{\theta}_2 + k_{T_2}(\theta_2 - \theta_L) + c_{T_2}(\dot{\theta}_2 - \dot{\theta}_L) = -T_m \\ J_L\ddot{\theta}_L + k_{T_2}(\theta_L - \theta_2) + c_{T_2}(\dot{\theta}_L - \dot{\theta}_2) = -T_L \end{cases} \quad (5-4)$$

式中：J_M 为原动机处转动惯量(kg·m²)；J_L 为负载处转动惯量(kg·m²)；J_u 为渐开线花键转动惯量(kg·m²)；m_u 为渐开线花键质量(kg)，$u=1,2$（1 为外花键，2 为内花键）；k_{T_1} 为原动机和外花键之间的扭转刚度(N·m/rad)；c_{T_1} 为原动机和外花键之间的扭转阻尼(N·m·s/rad)；k_{T_2} 为内花键和负载之间的扭转刚度(N·m/rad)；c_{T_2} 为内花键和负载之间的扭转阻尼(N·m·s/rad)；k_{pu} 为花键处的支承刚度(N/m)；c_{pu} 为花键处的支承阻尼(N·s/m)；x_2' 为考虑平行不对中

后内花键 x 向振动位移($x_2' = x_2 + l_x$，l_x 为 x 方向平行不对量(m))；y_2' 为考虑平行不对中后内花键 y 向振动位移($y_2' = y_2 + l_y$，l_y 为 y 方向平行不对量(m))；F_{mx} 为渐开线外花键啮合力沿 x 向分力(N)；F_{my} 为渐开线外花键啮合力沿 y 向分力(N)；T_m 为渐开线外花键处啮合力矩(N·m)；T_d 为系统输入扭矩(N·m)；T_L 为负载扭矩(N·m)。

在所有自由度中，扭转自由度无约束限制，会导致花键出现绕 z 轴扭转方向的刚体位移，进而使微分方程为非正定，结果无法收敛[93]。因此，刚体位移的消除是系统动力学方程数值迭代求解的前提。

对方程组中的扭转方程两边分别除以 J_M、J_1、J_2、J_L，并引入新自由度 Δ_1、Δ_2、Δ_3，有

$$\begin{cases} \Delta_1 = r_b(\theta_1 - \theta_M) \\ \Delta_2 = r_b(\theta_2 - \theta_1) \\ \Delta_3 = r_b(\theta_2 - \theta_L) \end{cases} \tag{5-5}$$

r_b 为内、外花键基圆半径(m)。假定原动机的角速度 $\dot{\theta}_M$ 为恒定的值，与系统角速度相同。对上述方程进行刚体位移消除，将原动机和外花键扭转振动方程，外花键和内花键扭转振动方程，内花键和负载扭转振动方程两两进行合并，上述方程组可化为

$$\begin{cases} \ddot{x}_1 + \dfrac{k_{p_1}}{m_1}x_1 + \dfrac{c_{p_1}}{m_1}\dot{x}_1 = \dfrac{F_{mx}}{m_1} \\[4pt] \ddot{y}_1 + \dfrac{k_{p_1}}{m_1}y_1 + \dfrac{c_{p_1}}{m_1}\dot{y}_1 = \dfrac{F_{my}}{m_1} - g \\[4pt] \ddot{x}_2' + \dfrac{k_{p_1}}{m_2}x_2' + \dfrac{c_{p_1}}{m_2}\dot{x}_2' = -\dfrac{F_{mx}}{m_2} \\[4pt] \ddot{y}_2' + \dfrac{k_{p_1}}{m_2}y_2' + \dfrac{c_{p1}}{m_2}\dot{y}_2' = -\dfrac{F_{my}}{m_2} - g \\[4pt] \ddot{\Delta}_1 + k_{T_1}\left(\dfrac{1}{J_1} + \dfrac{1}{J_M}\right)\Delta_1 + c_{T_1}\left(\dfrac{1}{J_1} + \dfrac{1}{J_M}\right)\dot{\Delta}_1 = -\dfrac{r_b T_d}{J_M} + \dfrac{r_b}{J_1}T_m \\[4pt] \ddot{\Delta}_2 + \dfrac{k_{T_2}}{J_2}\Delta_3 - \dfrac{k_{T_1}}{J_1}\Delta_1 + \dfrac{c_{T_2}}{J_2}\dot{\Delta}_3 - \dfrac{c_{T_1}}{J_1}\dot{\Delta}_1 = -r_b T_m\left(\dfrac{1}{J_1} + \dfrac{1}{J_2}\right) \\[4pt] \ddot{\Delta}_3 + k_{T_2}\left(\dfrac{1}{J_2} + \dfrac{1}{J_L}\right)\Delta_3 + c_{T_2}\left(\dfrac{1}{J_2} + \dfrac{1}{J_L}\right)\dot{\Delta}_3 = -\dfrac{r_b T_m}{J_2} - \dfrac{r_b T_L}{J_L} \end{cases} \tag{5-6}$$

在国际单位制下，当微分方程中各参数之间的数量级相差较大时，方程的求解计算将变得十分困难，并且步长和误差难以控制。因此，在实际工程中，需要对这

类微分方程组做无量纲处理。

引入无量纲基准参数 ω、l，将方程量纲化，有

$$\begin{cases} \overline{\ddot{x}}_1 + \overline{k_{\mathrm{p}_1}} \overline{x}_1 + \overline{c_{\mathrm{p}_1}} \overline{\dot{x}}_1 = \overline{F}_{\mathrm{m}x_1} \\ \overline{\ddot{y}}_1 + \overline{k_{\mathrm{p}_1}} \overline{y}_1 + \overline{c_{\mathrm{p}_1}} \overline{\dot{y}}_1 = \overline{F}_{\mathrm{m}y_1} - \overline{g} \\ \overline{\ddot{x}}'_2 + \overline{k_{\mathrm{p}_2}} \overline{x}'_2 + \overline{c_{\mathrm{p}_2}} \overline{\dot{x}}'_2 = \overline{F}_{\mathrm{m}x_2} \\ \overline{\ddot{y}}'_2 + \overline{k_{\mathrm{p}_2}} \overline{y}'_2 + \overline{c_{\mathrm{p}_2}} \overline{\dot{y}}'_2 = \overline{F}_{\mathrm{m}y_2} - \overline{g} \\ \overline{\ddot{\Delta}}_1 + \overline{k_{T_1}} \overline{\Delta}_1 + \overline{c_{T_1}} \overline{\dot{\Delta}}_1 = \overline{T}_1 \\ \overline{\ddot{\Delta}}_2 + \overline{k_{T_{23}}} \overline{\Delta}_3 - \overline{k_{T_{21}}} \overline{\Delta}_1 + \overline{c_{T_{23}}} \overline{\dot{\Delta}}_3 - \overline{c_{T_{21}}} \overline{\dot{\Delta}}_1 = -\overline{T}_2 \\ \overline{\ddot{\Delta}}_3 + \overline{k_{T_3}} \overline{\Delta}_3 + \overline{c_{T_3}} \overline{\dot{\Delta}}_3 = -\overline{T}_3 \end{cases} \quad (5-7)$$

式中：

$$\overline{k}_{\mathrm{p}_1} = \frac{k_{\mathrm{p}_1}}{m_1 \omega^2}, \overline{c}_{\mathrm{p}_1} = \frac{c_{\mathrm{p}_1}}{m_1 \omega}, \overline{k}_{\mathrm{p}_2} = \frac{k_{\mathrm{p}_2}}{m_2 \omega^2}, \overline{c}_{\mathrm{p}_2} = \frac{c_{\mathrm{p}_2}}{m_2 \omega}$$

$$\overline{k}_{T_1} = \frac{k_{T_1}}{\omega^2} \left(\frac{1}{J_1} + \frac{1}{J_{\mathrm{M}}} \right), \overline{k}_{T_3} = \frac{k_{T_2}}{\omega^2} \left(\frac{1}{J_2} + \frac{1}{J_{\mathrm{L}}} \right); \overline{c}_{T_1} = \frac{c_{T_1}}{\omega} \left(\frac{1}{J_1} + \frac{1}{J_{\mathrm{M}}} \right), \overline{c}_{T_3} = \frac{c_{T_2}}{\omega} \left(\frac{1}{J_2} + \frac{1}{J_{\mathrm{L}}} \right)$$

$$\overline{k}_{T_{21}} = \frac{k_{T_1}}{J_1 \omega^2}, \overline{k}_{T_{23}} = \frac{k_{T_2}}{J_2 \omega^2}; \overline{c}_{T_{21}} = \frac{c_{T_1}}{J_1 \omega}, \overline{c}_{T_{23}} = \frac{c_{T_2}}{J_2 \omega}$$

$$L = \frac{l}{r_{\mathrm{b}}}$$

$$\overline{\ddot{x}}_1 = \frac{\ddot{x}_1}{l\omega^2}, \overline{\dot{x}}_1 = \frac{\dot{x}_1}{l\omega}, \overline{x}_1 = \frac{x_1}{l}; \overline{\ddot{x}}'_2 = \frac{\ddot{x}'_2}{l\omega^2}, \overline{\dot{x}}'_2 = \frac{\dot{x}'_2}{l\omega}, \overline{x}'_2 = \frac{x'_2}{l};$$

$$\overline{\ddot{y}}_1 = \frac{\ddot{y}_1}{l\omega^2}, \overline{\dot{y}}_1 = \frac{\dot{y}_1}{l\omega}, \overline{y}_1 = \frac{y_1}{l}; \overline{\ddot{y}}'_2 = \frac{\ddot{y}'_2}{l\omega^2}, \overline{\dot{y}}'_2 = \frac{\dot{y}'_2}{l\omega}, \overline{y}'_2 = \frac{y'_2}{l}$$

$$\overline{\ddot{\Delta}}_1 = \frac{\ddot{\Delta}_1}{l\omega^2}, \overline{\dot{\Delta}}_1 = \frac{\dot{\Delta}_1}{l\omega}, \overline{\Delta}_1 = \frac{\Delta_1}{l}$$

$$\overline{F}_{\mathrm{m}x_1} = \frac{F_{\mathrm{m}x}}{m_1 l \omega^2}; \overline{F}_{\mathrm{m}y_1} = \frac{F_{\mathrm{m}y}}{m_1 l \omega^2}; \overline{F}_{\mathrm{m}x_2} = \frac{F_{\mathrm{m}x}}{m_2 l \omega^2}; \overline{F}_{\mathrm{m}y_2} = \frac{F_{\mathrm{m}y}}{m_2 l \omega^2};$$

$$\overline{T}_1 = \frac{r_b T_m}{J_1 l\omega^2} - \frac{r_b T_d}{J_M l\omega^2}; \overline{T}_2 = r_b T_m \left(\frac{1}{J_1 l\omega^2} + \frac{1}{J_2 l\omega^2}\right); \overline{T}_3 = \frac{r_b T_m}{J_2 l\omega^2} - \frac{r_b T_L}{J_L l\omega^2}$$

无量纲基准参数 ω 的值取根据瑞利法[94]估计的系统一阶固有频率的值，ω = 1.3409×10^3 Hz，l 取花键单边正向侧隙 c_0 的值。

5.3 动力学方程求解方法简介

对于非线性系统的微分方程，其求解方法包括相平面法、解析法、数值法等，下面将对其进行简单介绍。

5.3.1 相平面法

相平面法是庞加莱提出的一种对二阶非线性微分方程求解的方法，属于图解法。对系统的平衡状态特性、稳定性、不同初始状态下系统的运动特性等有一种比较直观的反映。尽管相平面法简单易懂，但其主要适用于单自由度系统，对于两个自由度以上的系统，图形的描绘会变得相当困难。

以二阶常微分方程为例，在应用相平面法前，首先需要对微分方程进行降阶处理，把二阶常微分方程 $\ddot{x} = f(x,\dot{x})$ 降阶为一阶微分方程，有

$$\begin{cases} \dfrac{dx}{dt} = \dot{x} \\ \dfrac{d\dot{x}}{dt} = f(x,\dot{x}) \end{cases} \tag{5-8}$$

由式(5-8)可得，$d\dot{x}/dx = f(x,\dot{x})/\dot{x}$，对该式求解即可得出相轨迹方程，进而绘制出相轨迹。其中 $x,\dot{x}$ 构成的平面称为相平面，属于二维平面，其上的点称为相点，通过相点可以分析研究对象的运动情况。相点在相平面上留下的轨迹被称为相轨迹，相轨迹能反映出系统运动状态的变化。对于相平面和相轨迹的进一步介绍由于篇幅所限在此不再赘述。

5.3.2 解析方法

求解非线性系统微分方程的解析法包括摄动法、平均法、谐波平衡法等。摄动法又称小参数展开法。求解时以选取的小参数当作摄动量对解进行展开，代入无量纲化方程后得到各级近似方程，在确定幂级数系数后对级数进行截断，便得到方程的近似解。平均法的基本思想是假定非线性系统与其派生系统的解具有相似的形式，由于非线性振动系统的振幅、初相位对时间求导后的导函数是 $O(\varepsilon)$ 约量级的周期函数，因此将其视为与时间 t 相关的缓变函数，并以一个周期的平均值来代

替。谐波平衡法则是对傅里叶级数进行截断从而确定动力学方程近似解的方法。

5.3.3 数值方法

在机械动力学研究中,描述物体运动的微分方程往往十分复杂,绝大多数情况下无法得到解析解。然而在研究实际问题过程中往往并不关注解的表达式,只要得到满足精度的近似值即可。龙格-库塔法是一种应用广泛的求解常微分方程的数值解法,其特点为求解精度较高,而且能自动起步,即只需规定初始条件,后续的计算也可逐步完成。

四阶龙格-库塔法的迭代公式为

$$\begin{cases} y_{i+1} = y_i + \dfrac{h}{6}(k_1 + 2k_2 + 2k_3 + k_4) \\ k_1 = f(t_i, y_i) \\ k_2 = f(t_i + \dfrac{1}{2}h, y_i + \dfrac{1}{2}hk_1) \\ k_3 = f(t_i + \dfrac{1}{2}h, y_i + \dfrac{1}{2}hk_2) \\ k_4 = f(t_i + h, y_i + hk_3) \end{cases} \quad (5-9)$$

四阶龙格-库塔法是单步法、显式法。其优点有:①原理简单,应用方便;②仅需给出初值便可进行微分方程的求解,步长对计算量影响不大;③数值稳定性较强。它的缺点是求解所需计算量依赖于微分方程中的 $f(t,y)$ 复杂程度,当微分方程复杂时局部截断误差难以获得。

本书采用 Matlab 求解,求解器命令为 ode45,即基于变步长的龙格-库塔法。在求解动力学方程之前,需要对消除刚体位移和无量纲化的动力学微分方程做降阶处理。

首先将微分方程转化成 ode 命令可识别的形式,对于二阶或高阶微分方程,引入新的变量对微分方程中的高阶项替换,将最高阶移至等式左侧,其余公式均放置于等式右侧:

$$\begin{cases} x^{(m)} = f(t, x, x', x'', \cdots, x^{(m-1)}, y, y', \cdots, y^{(n-1)}) \\ y^{(n)} = g(t, x, x', x'', \cdots, x^{(m-1)}, y, y', \cdots, y^{(n-1)}) \end{cases} \quad (5-10)$$

不断对微分方程组高阶项替换,直到微分方程组高阶被替换为一阶常微分方程组时,即可在 Matlab 中进行求解计算。

这里引入一组新的状态变量 $\{q_1, q_2, q_3, q_4, q_5, q_6, q_7, q_8, q_9, q_{10}, q_{11}, q_{12}, q_{13}, q_{14}\}$,使其分别对应于方程中 $\{\bar{x}_1, \dot{\bar{x}}_1, \bar{y}_1, \dot{\bar{y}}_1, \bar{x}_2, \dot{\bar{x}}_2, \bar{y}_2, \dot{\bar{y}}_2, \bar{\Delta}_1, \dot{\bar{\Delta}}_1, \bar{\Delta}_2, \dot{\bar{\Delta}}_2, \bar{\Delta}_3, \dot{\bar{\Delta}}_3\}$,从而实现原方程自由度的替换,得

$$\begin{cases} \dot{q}_1 = q_2 \\ \dot{q}_2 = -\overline{k_{p_1}}q_1 - \overline{c_{p_1}}q_2 + \overline{F_{mx_1}} \\ \dot{q}_3 = q_4 \\ \dot{q}_4 = -\overline{k_{p_1}}q_3 - \overline{c_{p_1}}q_4 + \overline{F_{my_1}} - \overline{g} \\ \dot{q}_5 = q_6 \\ \dot{q}_6 = -\overline{k_{p_2}}q_5 - \overline{c_{p_2}}q_6 - \overline{F_{mx_2}} \\ \dot{q}_7 = q_8 \\ \dot{q}_8 = -\overline{k_{p_2}}q_7 - \overline{c_{p_2}}q_8 - \overline{F_{my_2}} - \overline{g} \\ \dot{q}_9 = q_{10} \\ \dot{q}_{10} = -\overline{k_{T_1}}q_9 - \overline{c_{T_1}}q_{10} + \overline{T_1} \\ \dot{q}_{11} = q_{12} \\ \dot{q}_{12} = -\overline{k_{T_{23}}}q_{13} + \overline{k_{T_{21}}}q_9 - \overline{c_{T_{23}}}q_{14} + \overline{c_{T_{21}}}q_{10} - \overline{T_2} \\ \dot{q}_{13} = q_{14} \\ \dot{q}_{14} = -\overline{k_{T_3}}q_{13} - \overline{c_{T_3}}q_{14} - \overline{T_3} \end{cases} \quad (5-11)$$

经过上述变换处理后,便可直接利用 ode45 函数对方程进行迭代求解。迭代参数 q 的初值一般为初始静态位移量与初始速度量,或全零向量,这里取全零向量。

这里求解动力学微分方程需要的参数如表 5-1 所示。其中:k_{T_1}、c_{T_1}、k_{T_2}、c_{T_2}、k_m、c_m 的计算参考本书 4.4 节,单边侧隙 $c_0 = 7.95 \times 10^{-5}$m。

负载扭矩 T_L 取 28N·m(轻载),根据能量损耗关系,计算出驱动力矩 T_d 为 30.67N·m,输入转速 n 取 6000r/min。

表 5-1 方程中各参数取值

参数项	参数取值	单位	参数项	参数取值	单位
J_M	7.54×10⁻³	kg·m²	m_1	4.5106	kg
J_L	7.5263×10⁻³	kg·m²	m_2	4.5572	kg
J_1	3.4358×10⁻³	kg·m²	k_{p_1}, k_{p_2}	5×10⁶	N/m
J_2	3.7321×10⁻³	kg·m²	c_{p_1}, c_{p_2}	5	N·s/m

5.4 未考虑不对中条件下的渐开线花键副啮合力分析

由 5.2.2 节式(5-4)可以看出,以外花键为例,在外花键 x 方向的振动微分方程等号右侧,其激励力(内部激励)仅有外花键沿 x 方向各齿总的啮合力分量 F_{mx}。由啮合力推导可知,每对渐开线花键齿均在载荷作用下产生一个啮合力,由于渐开线花键齿在整个圆周均布,因此每对花键齿上的力在各自的一个象限均对应 x 向分力。在齿数为偶数且每对齿齿侧间隙相同的情况下,若不考虑 x 方向不对中情况,则各花键齿沿 x 方向分力互相抵消,导致在 x 方向外花键各齿总的啮合力沿 x 轴分力 F_{mx} 非常小,数量级为 10^{-6},接近于 0,如图 5-3 所示。

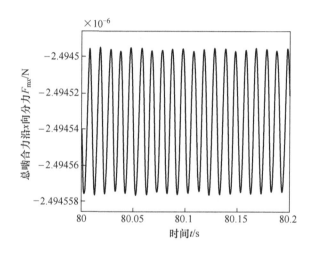

图 5-3 未考虑不对中条件下外花键总的啮合力沿 x 方向分力

如图 5-4 所示,外花键沿 x 方向的振动位移和振动速度也非常小,数量级分别为 10^{-13}、10^{-15},近似于 0,可以视为花键无 x 方向的振动。若要满足 5.2.2 节式(5-4)动力学方程横向振动的条件,需考虑 x 方向不对中情况。

图 5-5 示出了外花键在对中情况下,各齿沿法向受力情况。由图可以看出,在对中和均匀侧隙的情况下,外花键各齿受载十分均匀,方向为负,说明各齿受力为沿法向向齿内(内法线方向)。由此不难分析外花键此时受到的总的扭矩为顺时针方向,方向为负。

图 5-6 示出了外花键在对中情况下,各齿受力沿 x 方向分力情况,由图可以看出,各齿受力沿 x 轴分量是各不相同的,其幅值形态近似于余弦;同时不难看出,在坐标轴上方区域与下方区域力的幅值之和大致相等,其合力近似为 0,印证了图 5-3 的结果。

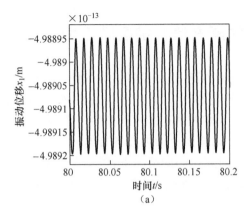
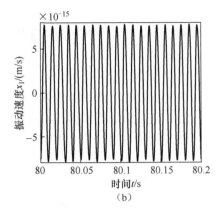

图 5-4　外花键 x 方向振动位移和振动速度

(a)外花键 x 方向振动位移；(b)外花键 x 方向振动速度。

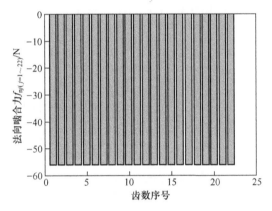

图 5-5　80.03s 时外花键各齿沿法向受力情况

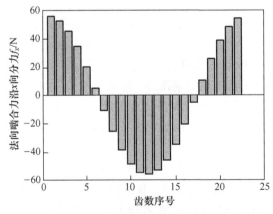

图 5-6　80.03s 时外花键各齿受力沿 x 方向情况

5.5 考虑不对中条件下的渐开线花键副啮合力分析

本节以外花键处的啮合力和啮合力矩为例分析说明。实际工况的不对中为内、外花键沿坐标轴方向相对位移,在本书中,为简化分析,假定外花键不动,初始状态的不对中以内花键沿 y 轴正向和 x 轴正向平移一段微小距离 l_y、l_x 表示。取 y 方向不对中量为 1×10^{-5} m,依次改变 x 方向不对中量,求得的啮合力情况如图 5-7 所示。

由图 5-7 可以看出,以逆时针方向的啮合力矩为正,外花键所受啮合力矩为内花键提供的反力矩,方向为顺时针,所以图中外花键处啮合力矩 T_m 为负。在 $l_x=1.2\times10^{-4}$ m 条件下外花键处各齿总的啮合力沿 x 方向分力 F_{mx} 的幅值波动范围非常小,在图 5-7(a)、(b)中近似为一条直线,可将 F_{mx} 的大小视为定值 262.6N,将 T_m 的大小视为定值-29.3N。此时动载系数也较为平稳,稳定在 0.957 处。图 5-7(c)、(d)分别为齿数编号为 22 的齿(齿数编号由初始时刻位于 x 轴的第一个齿开始,沿逆时针依次编号为 1~22)法向(沿啮合线方向)啮合力沿 x 向分力的受力变化和频谱,由单齿的频谱可知,其上出现了两个幅值较大的成分频率,分别为 102.5Hz、197.8Hz。其中较小的频率接近于工作频率 100Hz,较大频率约为较小频率的 2 倍。总啮合力矩和总啮合力沿 x 轴分量的频谱未出现明显的频率成分,这里不再附图。

由图 5-8 可以看出,在 x 方向不对中量 $l_x=1.2\times10^{-4}$ m 时(内花键相对外花键沿 x 正向移动一段距离 l_x),各齿受载变得不再均匀。齿数编号为 1 和 22 的齿沿啮合线方向受力最大,随后在齿数序号由两侧向中心情况下,各齿对啮合力不断减小。经计算可知,该时刻编号为 1 的齿所在的位置为 118.8°(初始时刻为 0°,以逆时针方向旋转为正方向,从 x 坐标轴处开始旋转,在旋转 80.03s 后停留的位置),说明在不对中量 l_x 的方向作用下该位置处啮合较为紧密,各齿受载较大,而背对该位置的齿(编号为 11、12、13 的齿)受载较小。

由图 5-9 可以看出,在 x 方向不对中量为 $l_x=1.2\times10^{-4}$ m、时间为 80.03s 时,与对中情况下相比,编号为 1~5 和编号为 19~22 的齿受力的程度增大,方向为沿 x 轴正向;其他方向的齿受力的程度减小,受力方向为沿 x 轴负向。

由图 5-10 可以看出,当 x 方向不对中量为 $l_x=2.4\times10^{-4}$ m 时,外花键处啮合力矩和动载系数的幅值与波动量相比之前变化不大,外花键总的啮合力沿 x 方向分力有明显增大,但其幅值的上下波动不大,在图 5-8(b)中近似为一条水平直线。外花键第 22 号齿法向啮合力沿 x 向分力的波动幅度较之前变大,其频谱上较大频率(约为 2 倍工作频率)对应幅值变大。

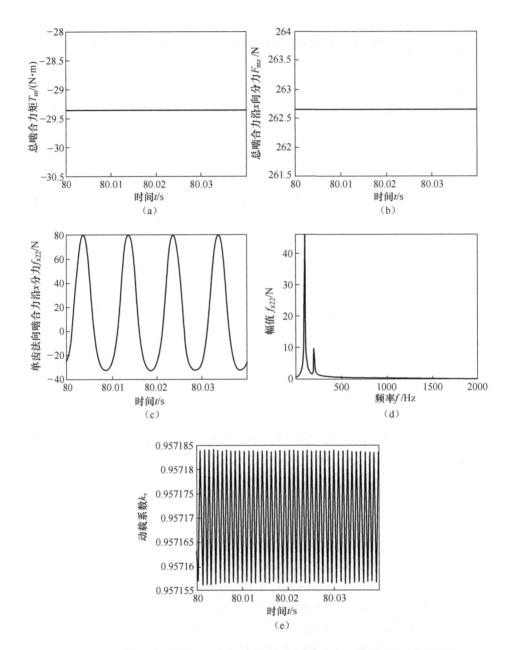

图 5-7　x 方向不对中量 $l_x = 1.2 \times 10^{-4}$ m 时外花键处啮合力和啮合力矩情况
(a)外花键各齿总的啮合力矩；(b)外花键各齿总的啮合力沿 x 方向分力；
(c)外花键第 22 号齿法向啮合力沿 x 向分力；(d)外花键第 22 号法向啮合力沿 x 向分力频谱；
(e)花键副动载系数。

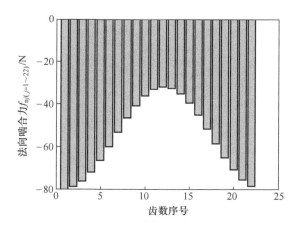

图 5-8　x 方向不对中量 $l_x = 1.2 \times 10^{-4}$m，外花键于 80.03s 时各齿沿法向受力情况

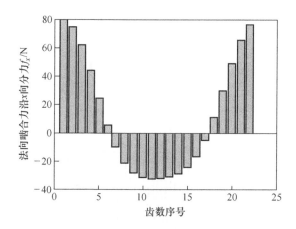

图 5-9　x 方向不对中量 $l_x = 1.2 \times 10^{-4}$m，外花键于 80.03s 时各齿受力沿 x 方向情况

由图 5-11 可知，当 x 方向不对中量 l_x 增大到 2.4×10^{-4} m 时，各齿受载变得更加不均匀，在齿数序号由两侧向中心情况下，各齿对啮合力减小程度进一步加大，在第 12 号齿处，齿对所受法向啮合力接近于 0。

由图 5-12 可知，当 x 方向不对中量 l_x 增大到 2.4×10^{-4} m 时，118.8°处附近的齿(编号为 1~5 和编号为 19~22 的齿)受力程度进一步增大，背离该方向的齿受力的程度则进一步减小；且由图可以看出，总的合力方向大于 0，沿 x 轴正向，与图 5-10(b)相符。

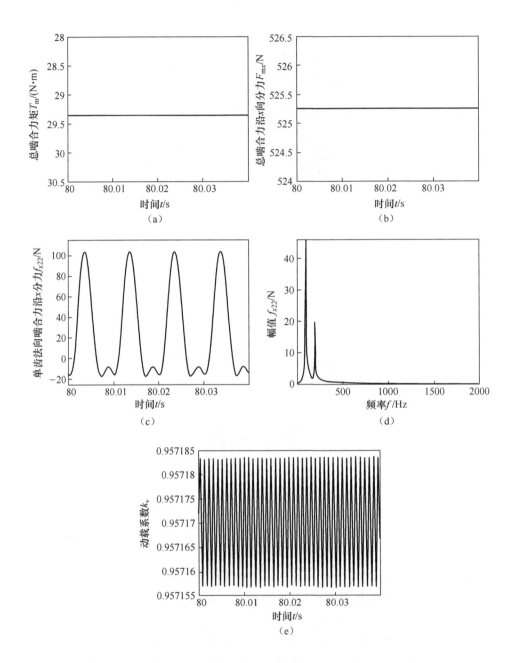

图 5-10 x 方向不对中量 $l_x = 2.4 \times 10^{-4}$ m 时外花键处啮合力和啮合力矩情况
(a) 外花键各齿总的啮合力矩；(b) 外花键各齿总的啮合力沿 x 方向分力；
(c) 外花键第 22 号齿法向啮合力沿 x 向分力；(d) 外花键第 22 号齿法向啮合力沿 x 向分力频谱；
(e) 花键副动载系数。

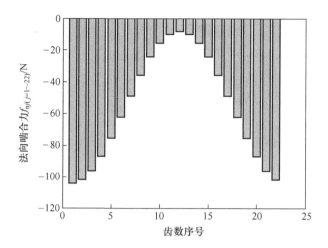

图 5-11　x 方向不对中量 $l_x = 2.4 \times 10^{-4}$ m，外花键于 80.03s 时各齿沿法向受力情况

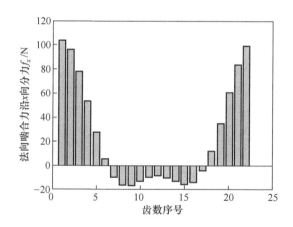

图 5-12　x 方向不对中量 $l_x = 2.4 \times 10^{-4}$ m，外花键于 80.03s 时各齿受力沿 x 方向情况

由图 5-13（a）、（c）、（g）可以看出，x 方向不对中量为 $l_x = 3.78 \times 10^{-4}$ m 时，各齿总的啮合力矩 T_m 和各齿总的啮合力沿 x 方向分力 F_{mx} 在幅值和波动范围上有了明显增大，动载系数波动也随之增大，系统运行平稳程度降低。

由图 5-13（e）、（f）可以看出，外花键第 22 号齿法向啮合力沿 x 向分力幅值波动进一步增大，在其频谱高频位置，出现了小的锯齿状频率，但整体以 3 个频率成分为主，分别为 102.5Hz、197.8Hz、300.3Hz。三者以 102.5Hz 为基频，近似呈倍频关系，其中 102.5Hz 与一倍工作频率 100Hz 接近。相较图 5-7（d）、图 5-10（d）多出一个频率成分 300.3Hz。

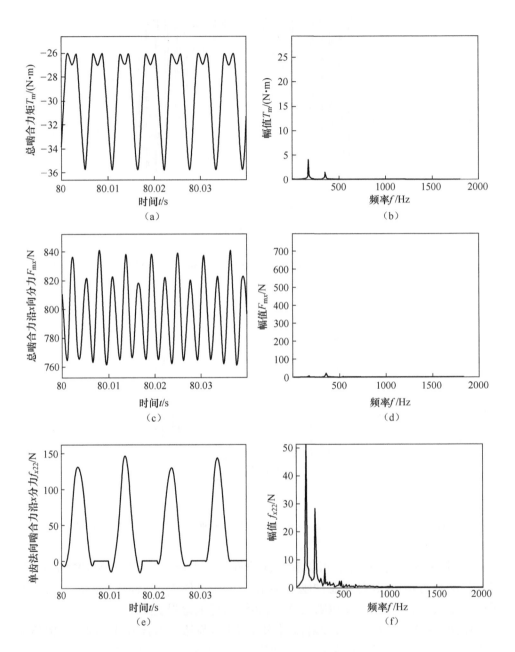

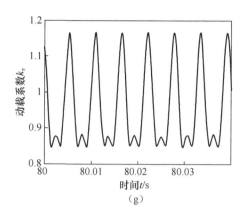

图 5-13　x 方向不对中量 $l_x = 3.78 \times 10^{-4}$ m 时外花键处啮合力和啮合力矩情况
(a)外花键处各齿总的啮合力矩;(b)外花键各齿总的啮合力矩频谱;
(c)外花键各齿总的啮合力沿 x 方向分力;(d)外花键各齿总的啮合力沿 x 方向分力频谱;
(e)外花键第 22 号齿法向啮合力沿 x 向分力;(f)外花键第 22 号齿法向啮合力沿 x 向 分力频谱;
(g)花键副动载系数。

由图 5-13(b)可以看出,在 x 方向不对中量 $l_x = 3.78 \times 10^{-4}$ m 时,除频谱中的趋势项对应的频率之外,外花键处总的啮合力矩频谱出现了两个波峰较小的频率,频率值从小到大依次为 175.78Hz、351.56Hz,其中较大频率为较小频率的 2 倍,出现了倍频,但较小频率大小与工频有一定差距。

由图 5-13(d)可以看出,除频谱中的趋势项对应的频率之外,外花键各齿总的啮合力沿 x 方向分力的频谱出现了一个波峰较小的频率,其对应的频率值为 351.56Hz,与外花键处各齿总的啮合力矩频谱中较大的频率值相同。

由图 5-14 与图 5-15 可知,随着不对中量继续增大,在同样的时刻同样的齿

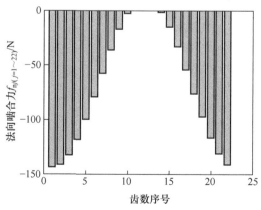

图 5-14　x 方向不对中量 $l_x = 3.78 \times 10^{-4}$ m,外花键于 80.03s 时各齿沿法向受力情况

89

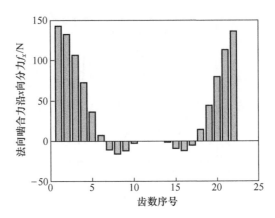

图 5-15　x 方向不对中量 $l_x = 3.78×10^{-4}$ m,外花键于 80.03s 时各齿受力沿 x 方向情况

上,与之前相似,x 方向不对中量 l_x 增大到 $3.78 × 10^{-4}$ m 时,受载较大的齿受载程度进一步增加。与之前的情况不同之处在于,之前受载轻的齿有一些出现了未啮合情况。

综上,通过对各齿受载情况的分析可知,初始状况下静态不对中量对于各齿的受载影响较大。结合动载系数的变化情况,过大的不对中量会使花键各齿受力差别较大,不利于花键长期稳定运行,存在安全隐患。

第 6 章　航空渐开线花键副接触有限元模型

随着现代计算机性能的快速提升,有限元作为工程应用领域的重要方法,在许多行业尤其是制造业中得到了广泛的应用。每一个成功的设计都离不开有限元分析的数据支持,它能确保轻便、稳定、高效和安全的设计。当前工业界常用的有限元软件有 Abaqus、ANSYS 等,这些软件无论是在界面易用性方面还是在求解器效率方面都愈趋成熟。工程师们可以借助此类软件迅速实现分析任务。本章对有限元思想与有限元分析步骤进行了概述,分析了近年来较为常用的有限元几何模型的缺点,提出了基于 Matlab 的精细化建模与网格划分方法,推导了组成渐开线内、外花键的各单元结点编号、各结点编号及三维坐标,编写了参数化生成所需渐开线花键副有限元几何模型的脚本程序,实现了渐开线花键副有限元仿真模型的精细化创建,为后续开展的花键副磨损与修形分析提供了有限元模型基础。

6.1　有限元思想与有限元分析步骤概述

有限元法的根本思路是将不间断的求解区域离散为多个有限个数,同时相邻单元间按照特定方法进行组合的组合体。求解过程中,可将形状复杂的模型离散为形状各异的单元并将其以多种连接方式进行关联,从而完成对复杂模型的求解分析。有限元法将全求解域进行分段,借助在每段内所假定的近似函数进而表示整段求解域所需求解的未知场函数。通常用单元各结点上的未知场函数及未知场函数的导数值与其插值函数来对单元内的近似函数进行描述。故此,应用有限元法对某一具体问题进行分析时,新的未知量即由各结点上未知场函数及未知场函数的导数的数值代替,进而将不间断的无限自由度分析转变为间断离散的具有有限自由度的分析。对未知量进行计算,以及对各离散单元中场函数的近似值借助插值函数求解,最终得出全部求解域内的近似值。可以知道,有限元求解的近似程度将随所划分离散单元的数量、单元自由度与插值函数精度的提升而提升。近似解将在离散单元的划分满足计算收敛要求时向精确解收敛。

现阶段,有限元方法已广泛应用于空间、板壳、波动与动力等问题;其分析对象逐渐由传统的弹性材料拓展到特性较为复杂的各种复合材料;其所涵盖的领域包括流体力学与传热学等领域;在工程应用领域中也已不局限于传统的分析与校核,而是逐渐在与计算机辅助设计相结合的过程中应用于对产品设计的进一步优化当中。

6.2 Matlab-Abaqus-Python 有限元计算方法

Abaqus 软件包括两大部分[95]：用来进行前后处理的 Abaqus/CAE（包括 Abaqus/GUI 和 Abaqus/Kernel）以及用来对有限元模型进行求解计算的求解器（包括 Abaqus/Standard、Abaqus/Explicit、Abaqus/CFD 或者 Abaqus/Aqua），如图 6-1 所示。Abaqus/CAE 运行后会产生 3 个进程：abq6141.exe、ABQcaeG.exe（Abaqus/CAE GUI）和 ABQcaeK.exe（Abaqus/CAE Kernel）。

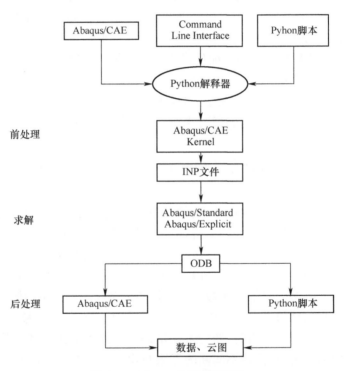

图 6-1 Abaqus 软件环境结构

GUI 负责收集建模参数交给 Kernel 建模并最终形成 INP 文件，或者打开现有的 ODB 文件，提取数据并显示云图，这一过程基本上都是由 Python 语言完成的。达索公司为 Abaqus/CAE 开放了多种接口，如对模型操作的 MDB 相关接口、对结果数据 ODB 操作的接口，以及常用的 CAE 相关的 session 操作的接口。Abaqus/Python 二次开发主要是基于这一部分进行的，目的是快速自动建模形成 INP，或者是处理现有的 ODB 结果并提取所需数据。

无论通过 CAE 或者手动编辑，最终都要形成 INP 文件，它记录建立的网格模型、载荷以及边界条件和分析类型等，它是 Abaqus Standard/Abaqus Explicit 等求解模块唯一可识别的输入类型。这些计算模块可以利用 INP 文件所描述的网格模型和边界条件求解问题的解并记录到结果文件中。由于 INP 文件有自己固有的格式，因此方便使用者绕过 Abaqus/CAE 直接利用其他编程语言生成 INP 文件，然后利用对应的 Solver 来求解。这个方法对于一些特定的问题十分有效，即在 Abaqus 基础上做出二次开发。

通过编写 Python 脚本对 Abaqus 分析得出的 obd 结果文件进行访问，即可完成对分析结果的读写操作；针对所分析问题与结果文件的路径，对所需提取的对象变量的数据进行提取与处理；对所提取的数据进行结果后处理操作，并在可以向使用者提供方便分析与查看的 Abaqus/View 模块中以云图等直观的方式对后处理结果进行展示。Abaqus 内的对象具有 3 种不同形式：session 对象可以对窗口进行系统或用户层面的定义；mdb 对象内包含了模型对象与工作对象，用于对有限元模型自身的数据进行储存与管理；odb 对象包含了分析所得的结果数据，可用于对结构数据进行定义。对象类型如图 6-2 所示。

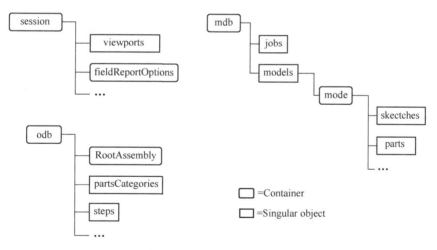

图 6-2　Abaqus 对象类型

在本书研究工作中，针对 session 对象使用两个构造函数：第一个函数使用 xyDataListFromField 函数对 odb 文件中所包含的场变量数据进行读取，生成 XYData 对象；第二个函数使用 writeXYReport 函数将 XYData 录入易于 Matlab 读取的文本中，实现有限元结果数据向数值计算软件中的迁移工作。

6.3　基于 Matlab 的精细化建模与网格划分方法

在进行有限元分析时,工程师通常将在 Pro/E 或 CATIA 等三维造型软件中装配完成的三维模型导入有限元分析软件中,再在有限元分析软件中实现对模型的网格划分。这样的传统有限元建模与网格划分方式存在两个问题:①三维造型软件设计出的三维模型在导入有限元分析软件前由于存在格式兼容性的问题,通常要另存为有限元分析软件可以打开的中间格式,因此在几何模型的精确性上经常出现一系列问题;②由于几何模型局部轮廓不规则,部分部件很难划分成高质量的六面体网格,从而影响有限元计算的精度。为了解决上述两个问题,本节提出一种基于 Matlab 的精细化建模与网格划分方法。

6.3.1　渐开线齿廓的形成与特性

如图 6-3(a)所示,当直线 BK 沿某一圆周进行纯滚动运动时,其上某一点 K 所形成的轨迹 AK 即为此圆周的渐开线。此圆周即为渐开线基圆,其半径为 r_b;直线 BK 即为渐开线发生线;角 θ_k 即为渐开线上点的展角。渐开线有以下特点:渐开线发生线 BK 线段的长度与基圆被滚过的弧长 AB 相等;渐开线上任一点 K 位置的法线与基圆相切且 K 的曲率中心为切点 B,曲率半径为线段 BK;基圆的大小为渐开线形状的决定因素。

图 6-3(b)中,点 K 为渐开线与其共轭齿廓的啮合点,k_α 为点 K 的向径,定义齿廓在 K 处承受正压力的方向同此点的速度方向间所形成的锐角 α_k 为渐开线于 K 处的压力角。在 $Rt\triangle BOK$ 中

$$\cos\alpha_k = r_b/r_k \tag{6-1}$$

又由于

$$\tan\alpha_k = \frac{BK}{r_b} = \frac{AB}{r_b} = \frac{r_b(\alpha_k + \theta_k)}{r_b} = \alpha_k + \theta_k \tag{6-2}$$

得出

$$\theta_k = \tan\alpha_k - \alpha \tag{6-3}$$

可知展角 θ_k 为与压力角 α_k 有关的函数,定义其为用 $\mathrm{inv}\alpha_k$ 表示的渐开线函数,即

$$\mathrm{inv}\alpha_k = \theta_k = \tan\alpha_k - \alpha \tag{6-4}$$

由式(6-1)与式(6-4)得出渐开线及坐标方程

$$r_k = r_b/\cos\alpha_k;$$
$$\theta_k = \mathrm{inv}\alpha_k = \tan\alpha_k - \alpha_k \tag{6-5}$$

在直角坐标系中,如图 6-3(b)所示,渐开线方程为

$$\begin{cases} x_k = r_b \sin u_k - r_b u_k \cos u_k \\ y_k = r_b \cos u_k + r_b u_k \sin u_k \end{cases} \quad (6\text{-}6)$$

式中：$u_k = \theta_k + \alpha_k$。

与矩形花键相比，齿廓形状为渐开线的渐开线花键更适用于大载荷、高定心精度与大尺寸的连接。由于其齿廓形状为渐开线，在承载时键齿承受径向力，从而对花键副进行自动定心，使各齿均载，从而提高工作寿命。

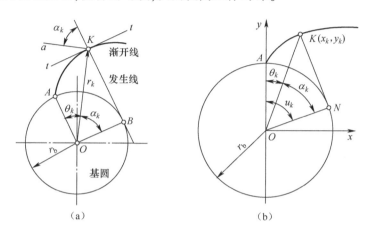

图 6-3　渐开线花键副齿廓示意图
(a)极坐标系下渐开线；(b)直角坐标系下渐开线。

6.3.2　渐开线花键副结点编号与三维坐标

根据《现代机械设计手册》[96]，渐开线花键基本尺寸有

$$D_{ei} = m(z + 1.5) \quad (6\text{-}7)$$

$$D_{ii} = D_{Femax} + 2C_F \quad (6\text{-}8)$$

$$D_{ee} = m(z + 1) \quad (6\text{-}9)$$

$$D_{ie} = m(z - 1.5) \quad (6\text{-}10)$$

式中：D_{ei} 为内花键大径尺寸(mm)；D_{ii} 为内花键小径尺寸(mm)；D_{Femax} 为外花键渐开线起始圆直径最大值(mm)；C_F 为齿形裕度(mm)；D_{ee} 为外花键大径尺寸(mm)；D_{ie} 为外花键小径尺寸(mm)。

根据《现代机械设计手册》，外花键渐开线起始圆直径最大值为

$$D_{Femax} = 2\sqrt{(0.5D_b)^2 + \left(0.5D\sin\alpha_D - \frac{h_s - 0.5es_v/\tan\alpha_D}{\sin\alpha_D}\right)^2} \quad (6\text{-}11)$$

式中：D 为分度圆直径(mm)，$D = mz$；D_b 为基圆直径(mm)，$D_b = mz\cos\alpha_D$；α_D 为压力角(°)；es_v 为外花键作用齿厚上偏差(μm)，查表确定。

如图 6-4 所示，k 为周向两齿间结点数；n 为周向单齿上的结点数；p 为齿高方向单齿上的结点数；q 为外花键轴段径向方向上的结点数；h 为齿长，即花键沿轴向方向的长度。图中以一个齿以及一段齿间部分为例，划分出二维平面四边形网格，即在三维坐标系中，可转换为高质量的六面体网格。

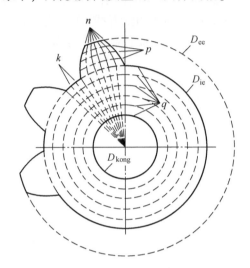

图 6-4　渐开线外花键精细化模型结点编号示意图

由此可以计算出二维平面上外花键轴段结点数为
$$\Delta_{1o} = (k+n)zq \tag{6-12}$$
二维平面上外花键单个齿上的结点数为
$$\Delta_{2o} = n(p+1) \tag{6-13}$$
二维平面上外花键结点总数为
$$\Delta_o = \Delta_1 + z\Delta_2 + (k+n)zq + zn(p+1) \tag{6-14}$$
外花键每层包含的结点数为 Δ，沿轴向方向每隔 1mm 生成下一层总数为 Δ 的结点，依次类推，生成此整体外花键共创建 $\Delta(h+1)$ 个结点。

如图 6-5 所示，k 为周向两齿间结点数；n 为周向单齿上的结点数；p 为齿高方向单齿上的结点数；q 为内花键轴段径向方向上的结点数。图中以一个齿以及一段齿间部分为例，划分出二维平面四边形网格，即在三维坐标系中，可转换为高质量的六面体网格。

由此可以计算出二维平面上内花键轴段结点数为
$$\Delta_{1i} = (k+n)zq \tag{6-15}$$
二维平面上内花键单个齿上的结点数为
$$\Delta_{2i} = n(p+1) \tag{6-16}$$
二维平面上内花键结点总数为

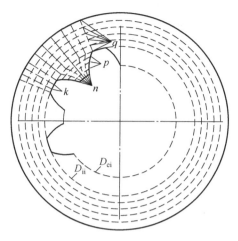

图 6-5 渐开线内花键精细化模型结点编号示意图

$$\Delta_i = \Delta_1 + z\Delta_2 + (k + n)zq + zn(p + 1) \qquad (6\text{-}17)$$

内花键每层包含的结点数为 Δ,沿轴向方向每隔 1mm 生成下一层总数为 Δ 的结点,依次类推,生成此内花键共创建 $2\Delta(h + 1)$ 个结点。

在编写 INP 文件时,需将 Matlab 计算得出的各结点编号与三维坐标按规则写入语句。对某个结点完成定义的编译语句如下:

$$*\text{Node} \qquad (6\text{-}18)$$
$$162,38,9,12 \qquad (6\text{-}19)$$

其中,式(6-19)定义了结点编号为 162 的一个结点,结点的 x 坐标为 38,y 坐标为 9,z 坐标为 12。依次完成渐开线花键副全部共 $2\Delta(h + 1)$ 个结点的编号与三维坐标编写过程。

综上可以发现,依据该方法创建构成外花键的总结点数与构成内花键的总结点数相等,这个特点对于结点编号的分配便利性有很大的好处。

6.3.3 网格的建立

在有限元分析中,仅仅有结点是不够的,由结点构成的网格是有限元分析的基本单元。有限元六面体实体单元网格有着计算精度高、收敛性好等优势,故在划分网格时应尽量将有限元网格划分为六面体网格,但受几何形状等限制,很多几何形状突变处(如渐开线花键的齿根处)只能划分为四面体网格,整个模型混有六面体网格与四面体网格,将会大大影响计算的精度与速度。前文在计算结点分布时已将所有有限元网格均考虑为六面体网格,故只需将每一层结点向 z 轴方向复制移动,再进行 8 个结点之间的连接,即可生成六面体有限元网格。

在编写 INP 文件的过程中，完成结点编号与三维坐标的定义后，还需编写有限元网格的编号及由那些编号形成的结点组成。对某一个单元完成定义的编译语句如下：

$$*\text{Element}, \text{type} = \text{C3D8R} \qquad (6-20)$$
$$1,1,2,3,4,5,6,7,8 \qquad (6-21)$$

其中，式(6-20)定义网格单元类型为 C3D8R，式(6-21)定义了单元编号为 8 的六面体单元，单元分别由结点编号依次为 1~8 个已经被定义好的三维结点组成。8 个结点的排列顺序应符合"z 方向坐标值大的前于 z 方向坐标值小的，同 z 方向坐标值的以逆时针顺序排列"的排列要求，如图 6-6 所示。

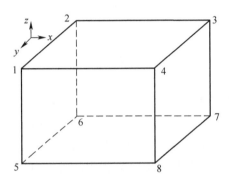

图 6-6　Abaqus 单位定义中结点排布规律示意图

由图 6-4 可知，在单层外花键模型中，每个齿上的单元数为 $(n-1)(p+1)$，外花键内轴段上单元数为 $(k+n)z(q-1)$，故单层外花键模型总单元数为 $(k+n)z(q-1)+(n-1)z(p+1)$，整体渐开线外花键有限元模型总单元数为 $[(k+n)(q-1)+(n-1)(p+1)]hz$，同理，整体渐开线内花键有限元模型总单元数也为 $[(k+n)(q-1)+(n-1)(p+1)]hz$。

在对有限元模型进行设置时，有多种网格单元类型可供选择，不同的单元类型适用于不同类型问题的求解。因此需要对各种类型的单元所适用的条件有明确的了解，才能选择适合于实际问题的单元类型，降低计算时间的同时提高计算的精度。

1. 完全积分单元

数值积分计算时，积分点的数目可以对单元刚度矩阵内的插值多项式进行精确积分的规则形状的单元被定义为完全积分单元。对于六面体单元来说，单元邻边之间夹角为直角，且各边中点为中间结点，即为符合"形状规则"的要求。完全积分单元包括线性完全积分单元和二次完全积分单元两种。其中，线性完全积分单元以 8 结点六面体线性完全积分单元 C3D8 为代表，在各个方向均包含 2 个积分点,在弯曲载荷的作用下常常发生剪切自锁,并且由于本身为刚硬单元,不能较好地保证计算的精度。另一种二次完全积分单元,以20结点六面体二次单元C3D20为代表,在各个方向上均包含3个积分点。与线性完全积分单元相比,二次完全积分单元对于应力有关分析的计算更加准确,很少发生剪切自锁;劣势是二次完全积分单元在进行模型的接触分析时不能精确求解,分析材料为不可压缩材料时会产生体积自锁。

2. 减缩积分单元

与完全积分单元相比,减缩积分单元在各个方向上都少分布一个积分点,仅在整个单元的几何中心分布一个积分点,与完全积分单元相比有着更快的计算速度。减缩积分单元包含线性减缩积分单元与二次减缩积分单元两种。使用线性减缩积分单元对结构施加弯曲载荷进行分析时,若沿厚度方向存在至少4个单元,则即使网格发生扭转变形,也不会对计算精度产生较大影响,且不会受弯曲载荷的作用发生自锁。但由于线性减缩积分单元存在"沙漏问题",需对其采取"沙漏控制",并且由于单元几何中心处的积分点只有一个,因此所得到的应力仿真分析结果是较为准确的,但单元各结点处的应力计算结果是通过外插值和平均化后求得的,准确度低于线性完全积分单元。二次减缩积分单元在线性减缩积分单元的基础上,很好地解决了"沙漏问题",但只能分析小变形问题且不适用于接触分析。

这里研究的对象为航空渐开线花键副,在其正常工作时,渐开线花键副会承受较大的弯曲载荷,根据上文对单元类型的介绍,若使用线性完全积分单元,可能发生剪切自锁从而影响得到结果的精度;若选择线性减缩积分单元,则在提高计算速度的同时,也保证了受载荷时不会发生剪切自锁,并且可以通过采用"沙漏控制"与优化网格质量的方式提高计算精度,避免"沙漏问题"。综上所述,本书外花键与内花键模型中所有的六面体有限元网格均选用线性减缩积分单元C3D8R。

6.4 有限元相关设置

为了在Matlab运行后生成完整的、直接可以在Abaqus中提交计算的INP文件,完成结点与网格单元的定义后,还需对接触、材料等方面进行INP命令流的编写。

6.4.1 接触设置

渐开线内、外花键之间的接触问题属于非线性问题。对渐开线花键副接触啮合过程的动态仿真在Abaqus/Explicit求解器中完成,Abaqus/Explicit求解器在对接触问题仿真时可以采用两种接触算法,即通用接触算法与接触对算法。

采用通用接触算法时,系统将所有模型的实体部分生成表面,在所生成的表面上自动定义接触。通用接触算法的优点在于使用者无须考虑具体哪些面之间发生接触,适用于大多数类型下的接触分析,同时,如果需要手动选择接触的表面,也可以自行控制接触的表面,对系统自动设置的接触进行优化。

采用接触对算法时,使用者需知晓哪两个表面之间可能发生接触并定义发生接触的两表面的主从关系。当受所分析问题的局限性,导致不能采用通用接触算法时,可采用接触对算法解决。接触对算法中力学约束方法可在运动接触法与罚接触法之间选择。运动接触法会动态检测从面上的结点与主面之间的相对位置关系,如果存在从面结点穿过主面的情况,就会减小步长,使从面结点恰好与主面接触而不穿透主面,在此之后进行此步的运算过程。罚接触法则在每一时间增量步之前均检测从面结点与主面之间的相对位置关系,若未发生穿透,则直接进行下一时间增量步的计算,若发生穿透,则在主面与从面之间定义罚函数,引入随穿透量成正比的主从面之间的法向弹簧来限制穿透现象的发生。

由于渐开线花键副工作时可能接触的表面是可以预知的,且渐开线花键副内发生的是微动磨损,内、外花键齿面之间相互运动幅度较小。在接触设置中,滑移公式只有在运动接触法的条件下才可以选择为"小滑移",而在罚接触法下只可选择为"有限滑移",综上所述,在对渐开线花键副模型的接触分析过程中,接触算法选择接触对算法,选择运动接触法作为力学约束公式,滑移公式选择小滑移。

6.4.2 载荷与边界条件设置

渐开线花键副啮合仿真分析是一个动态分析的过程,所求得的接触应力、剪切应力与相对滑移速率等都是随着时间而波动变化的量,因此,载荷(扭矩与转速等)同样作为与时间有关的函数施加在有限元模型上。表6-1中所示参数即为某型号航空发动机减速装置中所用渐开线花键副参数,按照其工作时的真实受载条件施加于有限元模型上。

渐开线花键副工作时,渐开线外花键作为主动件,通过花键副的啮合,带动加工有渐开线内花键的从动轴运动,从而完成整个传动过程。因此,在对渐开线花键副动态啮合过程进行仿真分析时,对渐开线外花键施加绕 z 轴转动的速度载荷,对渐开线内花键施加绕 z 轴反方向转动的大小为输入扭矩的负载载荷,同时约束内、外花键各自除绕 z 轴转动的自由度外的其余5个自由度(当内、外花键为浮动花键时,由于设计有浮动距离,此时,释放内花键沿 z 轴移动的自由度。对于具有偏角不对中的花键副,其在装配时按一定偏角装配模型)。

在进行有限元仿真分析时,若想要在得到较为精确的结果的同时尽可能节约计算成本,则需要对有限元网格独立性进行验证。网格独立性验证也被称为网格无关性验证,即在保证网格几何形状相同、单元类型相同、网格偏斜度等参数相同的情况下,有限元分析计算结果的精度会随网格数量的增加发生较大的提升,但当网格数量增大到一定数量时,计算结果已经具有很高的精度,再继续增加网格的数量已对计算结果精度的提高没有明显的帮助,反而增加了大量的计算成本,此时即可认为网格数量在此值以上时,计算结果与网格数量无关,选择此值作为网格数量即可保证有限元分析结果精度满足要求的同时尽可能节约计算时间、计算机占用等计算成本。选取一组参数的渐开线花键副算例进行计算分析,参数如表6-1所示(浮动距离为0,无不对中、质量偏心及侧隙)。

表6-1 渐开线花键副算例参数表

花键标准	法国标准
齿数	22
模数/mm	2.5
压力角/(°)	20
配合长度/mm	32
齿根形式	平齿根
材料	32Cr3MoVA
扭矩/(N·m)	1638.75
转速/rpm	5915

由6.3节可知,内、外花键模型均各有$[(k+n)(q-1)+(n-1)(p+1)]hz$个单元网格,总有限元模型共有$2[(k+n)(q-1)+(n-1)(p+1)]hz$个单元网格。由于齿长$h$与齿数$z$为定值不改变,因此通过改变参数$k$、$n$、$p$、$q$来实现有限元分析模型整体网格疏密程度的调整,本节选取6组不同的参数,施加相同的约束与载荷,参数如表6-2所示,网格模型与计算结果分别如图6-7和图6-8所示。

表6-2 不同疏密程度的网络模型参数

编号	k	n	p	q	网格总数
A	2	5	6	4	68992
B	2	7	7	4	105600
C	2	7	8	5	126720
D	3	9	9	5	180244
E	3	9	10	6	208384
F	3	11	11	7	287232

由图6-7及图6-8可知,随着网格总数的增加,有限元分析所得到的齿面最大接触应力的值也随之增大。网格总数刚开始增加时,齿面最大接触应力提升较快,说明在网格总数较少时,计算结果并不精确,在此网格总数范围附近增加网格总数可以显著提高计算精度。网格总数为180224时的计算结果与网格总数为

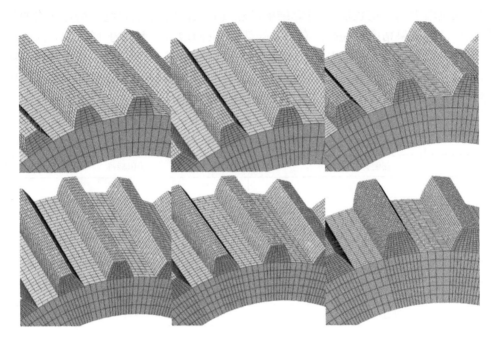

图 6-7 不同疏密程度的外花键网格模型

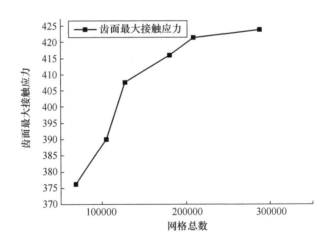

图 6-8 网格独立性验证结果

208384 时的计算结果之间的误差为 1.23%,网格总数为 208384 时的计算结果与网格总数为 261888 时的计算结果之间的误差为 0.51%,可以知道当网格总数达到 208384 时计算结果与更精确的计算结果之间的误差已经小于 1%,可以认为达到了精度要求,在此数值上增加网格总数对计算精度的提升没有显著帮助且会大幅增加计算成本,故本书选择表6-2中的参数组E作为网格建立的参数设置,得到的花键副接触有限元网格模型如图6-9所示。

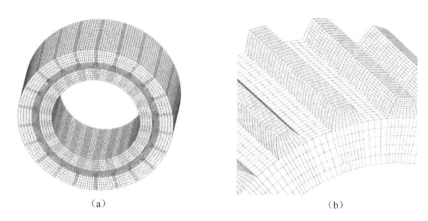

图6-9 花键副接触有限元网格模型
(a)花键副内外花键网格模型;(b)外花键齿面网格模型。

本章介绍了有限元思想与有限元分析步骤,提出了Matlab-Abaqus-Python有限元计算方法,基于Matlab对渐开线花键副进行精细化建模与网格划分。

根据《现代机械设计手册》中对于渐开线花键副的尺寸要求,在Matlab中计算出各所需尺寸的长度,利用本章提出的网格划分方法计算出渐开线内、外花键模型中各结点的三维坐标,按照Abaqus输入文件的编写要求,将结点编号与坐标、单元编号与组成结点编号等写入INP文件,对网格独立性进行验证,针对书中所研究的一组特定参数的渐开线花键副有限元模型的网格总数进行优化,得到计算精度较高且节约计算成本的网格总数,完成接触设置、载荷与边界条件等其他有限元相关设置,最终生成可以直接导入Abaqus并提交计算的INP输入文件,得到高质量高精度的六面体有限元网格的同时,减少Abaqus/GUI界面的人为操作过程,提高了工作效率。

第 7 章 航空渐开线花键副磨损分析

通过对现有文献的研究分析发现,在现有的渐开线花键副齿面磨损量计算研究中,通常采用 Archard 磨耗方程。而 Archard 模型常应用于接触平面间产生较大相对滑移的情况,对于渐开线内外花键之间所发生的部分粘着与部分滑移的微动磨损情况则不能精确计算。并且,由于 Archard 模型受其自身制约,对变摩擦系数条件下的接触无法做到精确分析。相比于 Archard 模型,能量耗散法具有磨损系数不会因位移幅度发生变化而产生变化,且可以根据若干参数判断微动区域等优势[97-100]。因此在本章中,基于前人的研究方法及结论,针对固定式航空渐开线花键副,因其磨损形式为微动磨损,磨损过程中的相对滑移较小,故采用能量耗散法进行其磨损分布的预估,而对于浮动式航空渐开线花键副,因其磨损过程中的滑移距离较大,故采用 Archard 方程来分析系统磨损分布情况。对于固定式花键副,设定三种工况条件,针对每种工况条件,借助 Abaqus–Python–Matlab 有限元二次开发磨损计算方法,根据所得的渐开线花键副齿面剪切应力与相对滑移速率,对航空渐开线花键副的磨损深度进行了计算,对花键齿面磨损深度分布规律、花键参数对磨损的影响和磨损深度分布随时间变化规律进行了探究。而对于浮动式花键副,则重点分析了设计的浮动距离不同对花键副磨损的影响规律,分析方法和结果为我国航空渐开线花键副的优化设计提供了参考。

7.1 渐开线花键副磨损深度计算

在能量耗散法中,设定滑动距离增量 $\mathrm{d}s$,对一个微小面积为 $\mathrm{d}x$ 的线性接触区域采取微分变换:

$$\frac{V}{\mathrm{d}x} = \alpha \frac{Q}{\mathrm{d}x} \mathrm{d}s \tag{7-1}$$

式中:Q 为摩擦行为所产生的切向力,用剪切应力 q 等效 $\frac{Q}{\mathrm{d}x}$,即有

$$\mathrm{d}h = \alpha q \mathrm{d}s \tag{7-2}$$

$$\frac{\mathrm{d}h}{\mathrm{d}t} = \alpha q \frac{\mathrm{d}s}{\mathrm{d}t} \tag{7-3}$$

$$h = \alpha q v_{\text{slip}} \tag{7-4}$$

式中: h 为接触位置磨损法向发生速度(m/s); v_{slip} 为接触区域的相对滑移速率(m/s)。将等式两边对时间积分有

$$h = \int_{t_1}^{t_2} \dot{h} \mathrm{d}t = \int_{t_1}^{t_2} \alpha q v_{\text{slip}} \mathrm{d}t \tag{7-5}$$

即采用能量耗散法计算得出在此微小接触区域磨损深度 h。

7.2 不同工况条件下磨损量分布规律

以固定式航空渐开线花键为例,按照6.4.2节中表6-1所示参数建立有限元模型进行分析,设定三种渐开线花键副工况条件,如表7-1所示。

表 7-1 渐开线花键副工况条件

工况条件	侧隙/μm	轴线偏斜/(°)
一	0	0
二	0~20	0
三	0	0.3

为了与有 0~20μm 侧隙的工况条件二和有 0.3°轴线偏斜的工况条件三作出对比,设置工况条件一作为渐开线花键副的理想工况条件,即各齿均匀无侧隙、内花键与外花键安装准确无轴线偏斜的情况。

工况条件二中内外花键齿间侧隙最小为 0μm,最大为 20μm,实际情况中各齿间侧隙为随机分布,本章为便于在结果图片中总结规律,将 1 号齿内外花键之间的侧隙设置为 0μm,一直到 22 号齿内外花键之间的 20μm 侧隙,其间的 20 个齿的内外花键齿间侧隙按照公差为 0.9524μm 的等差数列递增。

工况条件三中内花键轴线与外花键轴线之间存在 0.3°的轴线偏斜角,将外花键有限元模型的几何中心作为整个模型的旋转中心,使模型中所有结点绕 x 轴在与其所处的与 yz 平面相平行的平面内顺时针旋转 0.3°,对于本节研究的算例,旋转中心为外花键几何中心点(0mm,0mm,16mm)。工况条件三中使外花键产生 0.3°轴偏斜的情况如图 7-1 所示。

对渐开线外花键键齿上与内花键键齿相接触的齿面,根据划分的网格结点,设定每个齿面存在 10 个齿高结点与 31 个轴向结点,分别用来表示齿面上不同的齿高与轴向位置,各轴向位置处的全部 10 个齿高结点组成一条完整的渐开线齿廓,如图 7-2 所示。

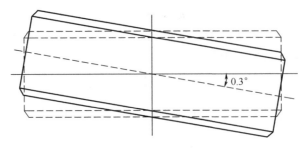

图 7-1 工况条件三中轴线偏斜角度示意图

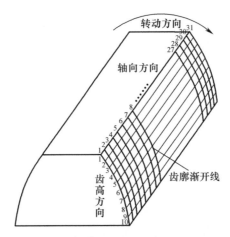

图 7-2 外花键齿面结点命名示意图

7.2.1 工况条件一

1. 接触应力分析

工况条件一下渐开线外花键齿面接触应力云图如图 7-3 所示。从图中可以看出，由于工况条件一中各齿间均无侧隙，即齿间侧隙相等，均等于 0，因此渐开线外花键上各齿受载情况较为平均。在齿面上，齿高方向中间与齿顶区域的接触应力较小，由齿高中间位置向齿根处接触应力逐渐变大，并在渐开线轮廓线上由齿顶向齿根方向数的第 7~8 结点之间的区域达到最大接触应力值，随后又逐渐变小，最终因为花键副底隙的存在，外花键齿根附近未与内花键发生接触，接近齿根位置时接触应力减小为 0。靠近齿根处的接触应力值较大的红色区域在轴向两端边缘位置有所减小，同时两端边缘位置靠近齿顶处的接触应力较其他位置有所增大，这种在两端边缘位置的分布规律微小变化是由该位置单元受其他单元相互作用的形式与其他中间位置单元不同所造成的。由于工况条件一无内外花键轴线偏斜的情况，所以外花键各齿面接触应力沿轴向方向分布总体无明显变化。

图 7-3 工况条件一下齿面接触应力云图(彩图见书末)

2. 剪切应力分析

Abaqus 中对于剪切应力的分析结果以 CSHEAR1 与 CSHEAR2 两个相互垂直的分量来表示。渐开线外花键齿面 CSHEAR1 应力与 CSHEAR2 应力云图如图 7-4 和图 7-5 所示。从图中可以看出,两剪切应力分量在渐开线外花键齿面上的分布规律与齿面接触应力分布规律相似,均为齿高方向中间及齿顶区域较小,齿高方向中间位置偏齿根部分较大,轴向两端边缘处应力值大小有微幅变化且总体沿轴向分布无明显变化。

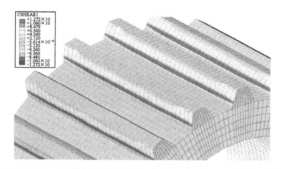

图 7-4 工况条件一下齿面剪切应力分量 CSHEAR1 云图(彩图见书末)

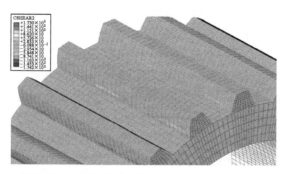

图 7-5 工况条件一下齿面剪切应力分量 CSHEAR2 云图(彩图见书末)

3. 相对滑移速率分析

工况条件一下的渐开线外花键齿面相对滑移速率云图如图 7-6 所示。从图中可以看出,相对滑移速率在齿面上的分布规律与接触处应力和剪切应力的分布规律大体一致,不同的是,相对滑移速率轴向方向两端边缘处的值较轴向其他位置偏大,与接触应力和剪切应力在轴向方向两端边缘处的值较小这一规律相反,造成这种现象是由于边缘处单元只受到其一侧单元对其产生的作用,受力情况不均衡导致接触应力增大,连接较为紧密,相对滑移幅度减小,最终使得相对滑移速率的值较其他位置偏小。

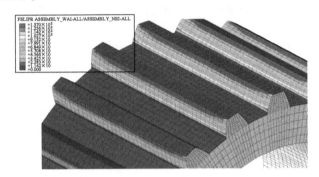

图 7-6　工况条件一下齿面相对滑移速率云图(彩图见书末)

4. 磨损深度与齿高位置的关系

外花键的齿廓曲面方程为渐开线方程,在齿高方向上,不同的齿高位置受力情况、滑移距离等状况均不相同,从而必然会使齿面上各结点产生不同的磨损情况。按照图 7-2 所示的齿面编号规则,以编号 8、编号 15 和编号 25 这三条可以代表齿长方向不同区域部分的齿廓渐开线为对象进行探究。图 7-7 中,横坐标为无量纲的 1~10 共 10 个不同的齿高位置,纵坐标为某条齿廓渐开线在对应齿高位置的磨损深度(μm)。从图中可以看出,齿高位置 1、齿高位置 2 与齿高位置 3 处的磨损深度大致相同且保持稳定,齿高位置 4 与齿高位置 5 处磨损深度较小,在齿高位置 6 与齿高位置 7 处磨损深度呈较大幅度的上升趋势并且三条齿廓渐开线均在齿高位置 7 处发生最严重磨损,三条齿廓渐开线在齿高位置 8、齿高位置 9 与齿高位置 10 处的磨损深度均为 0,通过观察有限元网格模型可以发现这三个位置位于渐开线外花键的底隙处,未与渐开线内花键发生接触,与实际情况相符。

按照图 7-2 所示的齿面编号规则,以齿高位置 2、齿高位置 5 和齿高位置 7 三个可以代表齿高方向不同区域部分的齿高位置为对象进行探究。图 7-8 中,横坐标为无量纲的 1~32 共 32 个不同的轴向位置,纵坐标为某齿高位置在对应轴向位置的磨损深度(μm)。从图中可以看出,各齿高位置沿轴向方向的分布总体保持稳定,在轴向位置 0 与轴向位置 32 附近,即外花键的两轴端附近产生的磨损深度

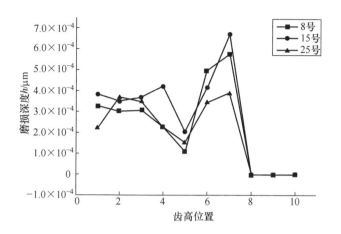

图 7-7 工况条件一下磨损深度沿齿高方向分布情况

较小,这是由于两轴端处的单元仅有一侧与轴向方向的邻近单元接触并产生相互作用;齿高位置 7 上各轴向位置的平均磨损深度最大,齿高位置 5 上各轴向位置的平均磨损深度最小。

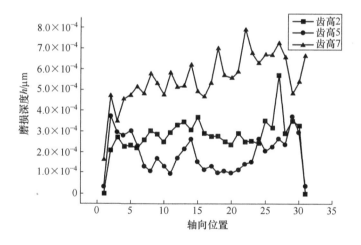

图 7-8 工况条件一下磨损深度沿轴向分布情况

7.2.2 工况条件二

1. 接触应力分析

工况条件二下渐开线外花键齿面接触应力云图如图 7-9 所示。图 7-9(a)

109

~(d)为外花键由侧隙为 0μm 的 1 号齿逐渐转至最后一个发生接触侧隙为 17.14μm 的 19 号齿的过程。从图中可以看出,由于工况条件二中各齿间侧隙由 0μm 至 20μm 等差数列分布于外花键 22 个齿面上,因此渐开线外花键上各齿受载情况存在较大差异。1 号齿由于侧隙最小,为花键副动态啮合过程中第一个与内花键接触的齿,整个过程中都保持较大的接触应力,齿面接触应力为 383MPa。随着齿号的增加,齿间侧隙也不断增加,从 20 号齿开始齿面接触应力为 0,即不与内花键发生接触。齿面接触应力沿齿高方向分布规律和沿轴向方向分布规律与工况条件一中分布规律相同,这是因为两种工况条件均无内外花键轴线偏斜的情况。

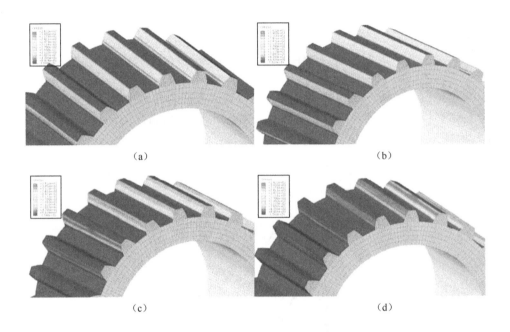

图 7-9　工况条件二下齿面接触应力云图

2. 剪切应力分析

工况条件二下渐开线外花键齿面剪切应力分量 CSHEAR1 云图如图 7-10 所示。图 7-10(a)~(d)四幅图与图 7-9 类似,均为由 1 号齿转至最后与内花键接触的 19 号齿。从图中可以看出,剪切应力分量 CSHEAR1 与接触应力分布规律相似,为受等差侧隙不同所影响的结果。剪切应力分量 CSHEAR2 分布与 CSHEAR1 相似。

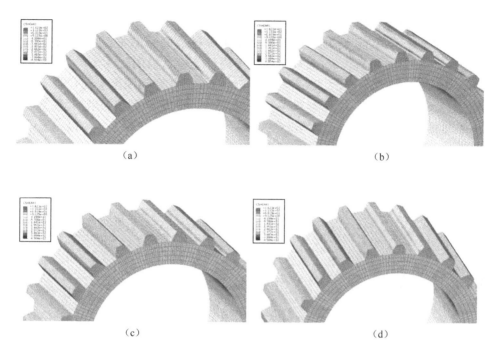

图 7-10 工况条件二下齿面剪切应力分量 CSHEAR1 云图

3. 相对滑移速率分析

工况条件二下的渐开线外花键齿面相对滑移速率云图如图 7-11 所示。相对滑移速率的分布规律与同工况下的接触应力等载荷分布不同，其受内外花键各齿间侧隙分布不均的影响较小，这是因为外花键在啮合过程中发生微动时各齿面均随外花键整体进行移动，内外花键各齿间虽因接触程度不同而导致各齿接触应力不同，但各齿发生滑移的程度相同，故各齿相对滑移速率分布情况基本一致。从图中可以看出，与接触应力等载荷相似，齿面接触应力沿齿高方向分布规律和沿轴向方向分布规律与工况条件一中的分布规律相同。

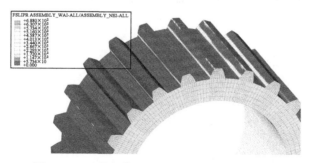

图 7-11 工况条件二下齿面相对滑移速率云图

4. 磨损深度分布规律

工况条件一与工况条件二下渐开线外花键各齿面总磨损深度分布规律如图 7-12 所示。从图中可以看出，理想条件下内外花键各齿间均无侧隙，各齿之间接触与受载程度较为平均，因此渐开线外花键各齿面总磨损深度呈现均匀分布的态势；工况条件二下由 1 号齿至 22 号齿，随着内外花键齿间侧隙的增加，各齿面总磨损深度逐渐变小；1 号齿齿间侧隙最小，渐开线花键副啮合时 1 号齿最先发生接触并承受最大的载荷，在全部的 22 齿中 1 号齿的总磨损深度最大，约为其在理想工况条件下总磨损深度的 2 倍；20 号齿、21 号齿、22 号齿由于齿间侧隙较大，内外花键未产生接触，因此齿面不产生磨损。

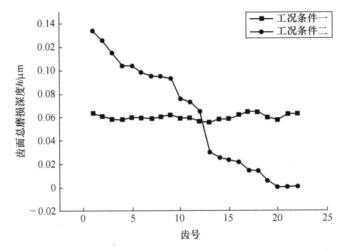

图 7-12　工况条件一与工况条件二下各齿面总磨损深度分布情况

7.2.3　工况条件三

1. 接触应力分析

工况条件三下渐开线外花键接触应力云图如图 7-13 所示。从图中可以看出，渐开线外花键左侧与右侧部分的应力分布呈现两极分化的态势，这种现象的出

图 7-13　工况条件三下齿面接触应力云图

现是由于工况条件三中存在 0.3°轴线偏斜角。渐开线外花键几何中心的左侧部分由于整体向上倾斜,导致左侧部分的上半部分与渐开线内花键之间的接触更为紧密,承受更大的载荷,而左侧部分的下半部分与渐开线内花键之间则出现了较大的间隙,承受较小的载荷,甚至因间隙过大未接触不承受载荷,同理,渐开线外花键几何中心的右侧部分也出现上下部分接触和承载情况有较大差异的现象。

2. 剪切应力分析

工况条件三下渐开线外花键剪切应力分量 CSHEAR1 与 CSHEAR2 云图分别如图 7-14 与图 7-15 所示。从图中可以看出,剪切应力分量分布与接触应力分布相似,以花键轴向中间位置为界限对称分布。

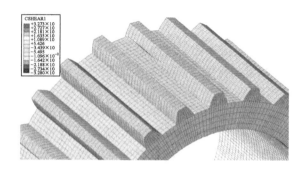

图 7-14　工况条件三下齿面剪切应力分量 CSHEAR1 云图

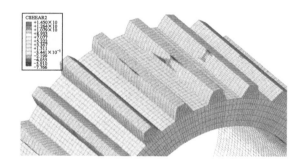

图 7-15　工况条件三下齿面剪切应力分量 CSHEAR2 云图

3. 相对滑移速率分析

工况条件三下渐开线外花键相对滑移速率分布云图如图 7-16 所示,其分布规律与接触应力分布规律相似。

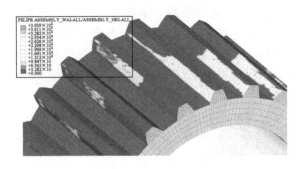

图 7-16　工况条件三下齿面相对滑移速率云图

4. 磨损深度分布规律

工况条件三比理想的工况条件一增加了 3°的内外花键轴线偏移,在工况条件三中也选择齿高位置2、齿高位置5 和齿高位置7 三个齿高位置对磨损深度沿轴向位置的分布规律进行探究。计算结果如图 7-17 所示。从图中可以看出,由于存在 0.3°的轴偏斜,以轴向中间位置为分界线,两侧的齿面与内花键在整个周期内是交替接触的,中间位置无论处于交替接触的哪个阶段均处于接触状态,磨损情况较严重。两侧齿面由于一个周期内约有半个周期接触,齿面的磨损深度小于工况条件一下同位置的磨损深度,中间位置磨损深度远大于工况条件一下同位置的磨损深度,可以得知轴向偏斜将导致齿面轴向中间位置受力集中,发生较大磨损。

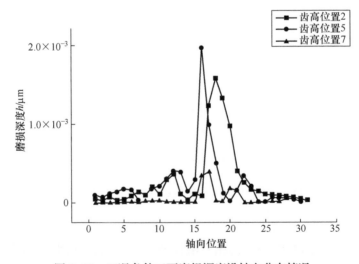

图 7-17　工况条件三下磨损深度沿轴向分布情况

7.3 花键参数对磨损的影响

在相同的承载条件下,渐开线花键表面接触应力与磨损的分布情况随花键参数的变化而变化。本节分别探究工况条件一下磨损深度与花键副接触长度和外花键壁厚之间的关系。

7.3.1 接触长度对磨损的影响

根据渐开线花键副齿面接触应力计算公式可以发现:随着花键副接触长度增大,内外花键齿面接触面积增大,均载程度得到提高,平均接触应力减小,花键副承载能力得以提高。在花键副参数 32mm 的基础上增加配合长度分别为 16mm 与 48mm 的两组花键副参数与其进行对比分析,分别对三种情况进行有限元分析,数据后处理后得出三种配合长度(接触长度)下外花键齿面三个齿高位置沿轴向方向的磨损分布规律,如图 7-18 所示。

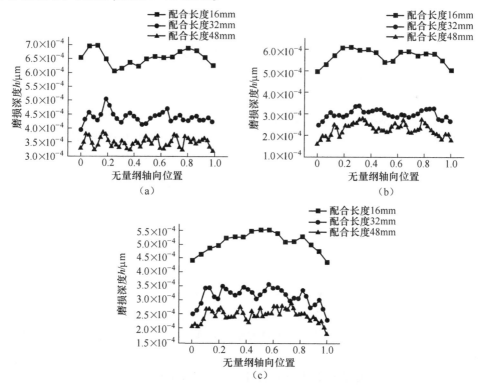

图 7-18 不同齿高位置下不同配合长度花键副齿面磨损深度轴向分布
(a)齿高位置7;(b)齿高位置5;(c)齿高位置2。

从图 7-18 中可以看出,在齿高位置 7 处,配合长度为 16mm 的外花键齿面平均磨损深度为 6.546×10^{-4} μm,配合长度为 32mm 的外花键齿面平均磨损深度为 4.4×10^{-4} μm,配合长度为 48mm 的外花键齿面平均磨损深度为 3.49×10^{-4} μm;在齿高位置 5 处,配合长度为 16mm 的外花键齿面平均磨损深度为 5.66×10^{-4} μm,配合长度为 32mm 的外花键齿面平均磨损深度为 2.98×10^{-4} μm,配合长度为 48mm 的外花键齿面平均磨损深度为 2.27×10^{-4} μm;在齿高位置 2 处,配合长度为 16mm 的外花键齿面平均磨损深度为 5.06×10^{-4} μm,配合长度为 32mm 的外花键齿面平均磨损深度为 3.13×10^{-4} μm,配合长度为 48mm 的外花键齿面平均磨损深度为 2.45×10^{-4} μm。可以得出,相同配合长度下,齿高位置 7 处磨损最严重,齿高位置 5 处磨损最少,与前文所得规律相同;对于全部三个齿高位置,外花键齿面磨损深度均随花键副配合长度的增大而减小,但随着配合长度增大至一定程度时其对磨损的改善效果已很微小。因此在花键副的设计过程中,考虑到增大配合长度以降低磨损的同时应考虑到增加配合长度所带来的制造成本与体积的增加,保证在可接受的配合长度下达到足够的抗磨损效果。

7.3.2 外花键壁厚对磨损的影响

花键副齿间接触应力的分布情况很大程度上受到外花键壁厚的影响,因此在工程应用时常对外花键的设计方案进行轻量化处理,将其设计为空心轴,同时,此种设计还可有效降低花键轴的扭转刚度与弯曲刚度余量。对不同外花键壁厚的多组渐开线花键副采取有限元分析并根据所提取数据进行计算,得出不同外花键壁厚下外花键齿面磨损深度分布情况,从而据此选择最佳的外花键壁厚值。

由图 7-19 可知,外花键所在轴的内孔直径与外花键分度圆直径的比值 D_c/D <0.6 时,渐开线外花键齿面最大磨损深度稳定在 4.5×10^{-4} μm 左右,此时外花键所在轴的内孔直径大小对齿面最大磨损深度几乎没有影响。当外花键所在轴的内孔直径与外花键分度圆直径的比值 D_c/D 由 0.55 逐渐增大至 0.95 时,渐开线外花键齿面最大磨损深度由 4.5×10^{-4} μm 逐渐增大至 5.7×10^{-4} μm,花键副耐磨损性能降低。

由图 7-20 可知,渐开线外花键质量随外花键所在轴的内孔直径与外花键分度圆直径的比值 D_c/D 的增大而呈现抛物线形降低,即随着 D_c/D 的增大,开始时对花键副的减重效果较小,当 D_c/D 增大至一定值后,其对花键副的减重效果显著提高。

研究结果表明,为保证花键副齿面处于较低磨损状态的同时尽可能对花键副进行减重优化,应控制外花键所在轴的内孔直径与外花键分度圆直径的比值 D_c/D 低于 0.6。

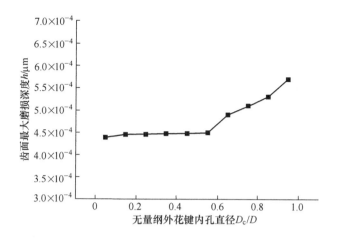

图 7-19　无量纲外花键副内孔直径对齿面最大磨损深度的影响

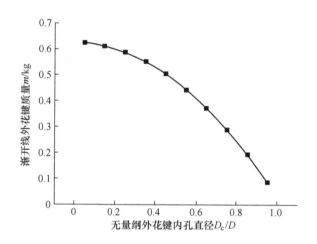

图 7-20　无量纲外花键内孔直径对外花键质量的影响

7.3.3　磨损深度分布随时间变化规律

由于磨损的存在,在渐开线花键副工作一段时间后,渐开线花键的齿面轮廓会产生一定的变化,此时继续按照原有的齿面轮廓分析已与实际情况不符,需要根据已产生的磨损量,调整渐开线花键的齿面轮廓,对真实的情况进行分析。又由于工艺特点、齿侧间隙等因素使键齿的实际轮廓和理想轮廓之间产生一定的误差,所以导致不同齿上不同点的磨损量存在差异。

相比于齿廓为直线、沿齿廓方向磨损深度基本相同的平面花键,航空领域所使用的渐开线花键副的各键齿齿廓采用渐开线形状,并由于设计工艺、加工制造、设计等方面的影响,其各齿面沿齿廓方向的接触十分不均匀,因此整个齿面上各结点的磨损深度不论沿轴向还是沿齿廓方向均存在着较大的差异,需逐点计算。

设 (x_i, y_i, z_i)、(x_m, y_m, z_m) 是渐开线外花键齿廓上两个任意结点 i、m 未更新前的三维坐标,(x_i', y_i', z_i')、(x_m', y_m', z_m') 是结点 i、m 更新后的三维坐标,各个结点的三维坐标全部以直角坐标表示。渐开线外花键齿面轮廓结点坐标调整示意图如图 7-21 所示。

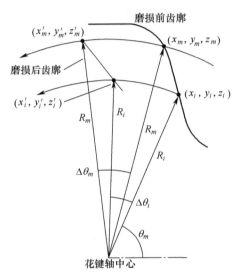

图 7-21 外花键齿面结点三维坐标调整示意图

设结点 i、m 两点的磨损深度分别为 h_i、h_m,以结点 m 为例,磨损结点调整半径 R_m 为

$$R_m = \sqrt{x_m^2 + y_m^2} \tag{7-6}$$

磨损前结点 m 角度 θ_m 为

$$\theta_m = \arctan \frac{y_m}{x_m} \tag{7-7}$$

磨损结点调整角度 $\Delta\theta_m$ 为

$$\Delta\theta_m = \frac{h_m}{R_m} = \frac{h_m}{\sqrt{x_m^2 + y_m^2}} \tag{7-8}$$

磨损结点调整后三维坐标 (x_m', y_m', z_m') 为

$$\begin{cases} x'_m = R_m\cos(\theta_m + \Delta\theta_m) = \sqrt{x_m^2 + y_m^2}\cos(\arctan\dfrac{y_m}{x_m} + \dfrac{h_m}{R_m} + \dfrac{h_m}{\sqrt{x_m^2 + y_m^2}}) \\ y'_m = R_m\sin(\theta_m + \Delta\theta_m) = \sqrt{x_m^2 + y_m^2}\sin(\arctan\dfrac{y_m}{x_m} + \dfrac{h_m}{R_m} + \dfrac{h_m}{\sqrt{x_m^2 + y_m^2}}) \\ z'_m = z_m \end{cases}$$

(7-9)

7.1 节依据能量耗散法借助有限元即可对指定参数下的花键副初始模型进行接触磨损分析,得出在指定工况下此航空渐开线外花键各齿面上任一结点在花键副旋转一周所产生的磨损深度 Δh_i。由于渐开线外花键齿面结点 i 一个转动周期内产生的磨损深度 Δh_i 在极小的数量级内,并且渐开线花键副工作时总周期数极大,若在每个转动周期过后均对其进行齿面结点三维坐标调整,则会大幅增加计算量,降低计算效率。因此,这里设定有限元模型每经过 ΔN 个转动周期后对结点坐标进行一次调整,则结点在此 ΔN 个转动周期产生的磨损深度为

$$\Delta h_{\Delta N} = \Delta N \Delta h_i \qquad (7\text{-}10)$$

借助上述渐开线外花键表面磨损结点的修改方法,根据 ΔN 个转动周期各齿面上每个结点的磨损深度,利用 Matlab 程序自动对原始渐开线外花键键齿轮廓表面各个结点的三维坐标进行修改,使各个轮廓表面上的结点的三维坐标更新至经历了 ΔN 个转动周期时长的磨损后的状态。

在根据结点原三维坐标和结点磨损深度 $\Delta h_{\Delta N}$ 计算并更新各结点的三维坐标后,Matlab 会生成新的 INP 文件,再将新的 INP 文件提交 Abaqus 进行更新后的磨损有限元仿真分析,计算 ΔN 个转动周期内结点的磨损深度,如此反复计算与更新,直到转动周期总个数累计达到总转动周期次数 N_t,至此完成磨损深度的计算,得出 N_t 个转动周期后外花键接触齿面结点总磨损深度为

$$\Delta h = \sum_{q=1}^{N_t/\Delta N} \Delta h_{\Delta N_q} \qquad (7\text{-}11)$$

针对本章节中研究的花键副算例,在给定的工作条件下,设定总转动周期数 $N_t = 7.2 \times 10^7$,结点调整周期增量 $\Delta N = 6 \times 10^6$,由于花键副正常工作下转速 $\omega = 5915\text{r/min} \approx 6000\text{r/min}$,因此花键副转动一周用时为

$$t_1 = \dfrac{1\text{r}}{5915\text{r/min}} \approx 0.01\text{s} \qquad (7\text{-}12)$$

总转动周期次数 N_t,即总转动时间为

$$t = N_t t_1 = 7.2 \times 10^7 \times 0.01\text{s} = 200\text{h} \qquad (7\text{-}13)$$

结点调整周期增量 ΔN,即两次调整结点三维坐标间的时间间隔为

$$\Delta t = \Delta N t_1 = 6 \times 10^6 \times 0.01\text{s} = 16.67\text{h} \qquad (7\text{-}14)$$

根据上述参数对花键副算例进行磨损深度计算并结点坐标更新,过程如图7-22所示,反复循环迭代后外花键齿面各齿高位置上平均磨损深度计算结果随转动周期数分布如图7-23所示。

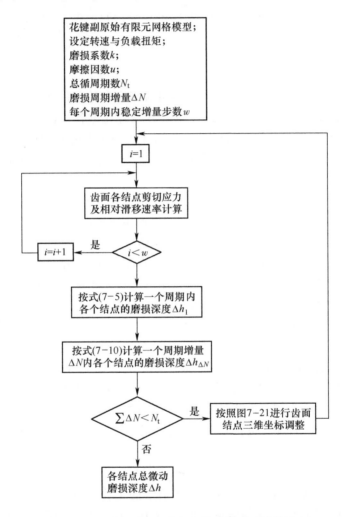

图7-22 花键齿面结点磨损深度有限元法计算流程

从图7-23中可以看出,齿高位置7的磨损深度较大,200h平均磨损深度为56.746μm;齿高位置5的磨损深度较小,平均累计磨损深度为43.545μm;齿高位置2的磨损深度随累计转动周期变化的曲线在其余两位置相应的曲线之间,平均累计磨损深度为49.658μm。磨损在动态啮合前半阶段发生速率较快,累计磨损深度快速增加;后半阶段磨损发生速率逐渐平稳。花键副开始啮合时,与7.2.1节中工况条件一下的接触应力分布相似,齿高位置7处接触应力较大,磨损严重,随

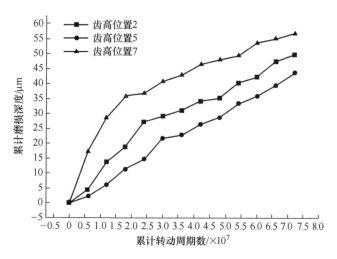

图 7-23 磨损深度随时间变化规律

着磨损过程的进行,结点坐标发生调整,接触应力在齿面分布情况发生变化,并在整个过程的后半段逐渐分布较为均匀,使三个齿高位置处磨损速率间差异逐渐减小并各自稳定。

7.4 浮动距离对航空渐开线花键副磨损的影响

针对浮动式航空渐开线花键副,这里采用 Archard 方程来分析航空渐开线花键副的磨损分布情况,在其有限元仿真阶段,加载方式是与固定式花键副不同的。如图 7-24(a)和(b)所示,根据浮动渐开线花键副的约束条件,将有限元模型中键齿之间设置为面-面接触模式,接触行为设置为硬接触,接触算法为罚函数,根据 18CrMnTi 材料属性,设置摩擦系数为 0.2,键齿之间的接触区域如图 7-24(b)所示的外花键模型红色区域,整个有限元模型节点数目为 131072 个,单元数目为 107674 个。

为了模拟航空浮动渐开线花键副实际约束条件,将内花键的端面固定,外花键内表面施加转矩 T,仅释放 z 方向的转动和移动,$T=1000\text{N} \cdot \text{m}$。从而,外花键键齿面为主动面,内花键键齿面为从动面,为了方便处理结果,根据花键副轴向不对中角度偏移方向,对每个键齿进行编号,得到编号后的花键副有限元模型如图 7-24(c)所示,并且对单个齿齿高和齿长单独建立坐标系,齿高为 y 方向,齿长为 x 方向,如图 7-24(d)所示。

取内花键 x 轴正方向浮动距离为 0mm、0.3mm、0.6mm、0.9mm 进行仿真计算,得到外花键副每个齿面接触应力云图如图 7-25 所示。

由图 7-25 所知,在花键副轴不存在浮动距离时,花键副各齿受力均匀,接触应力沿花键副轴向尺寸分布基本一致,不存在明显的应力集中现象。当花键副存

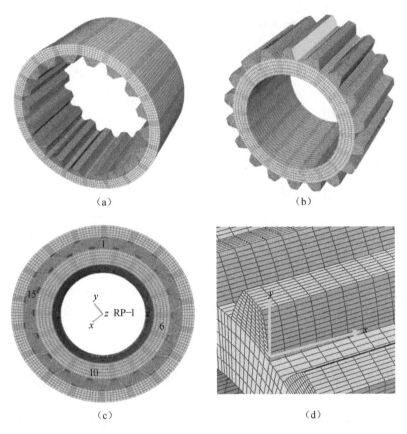

图 7-24 花键副模型(彩图见书末)

(a)内花键;(b)外花键;(c)花键齿编号;(d)齿处坐标系。

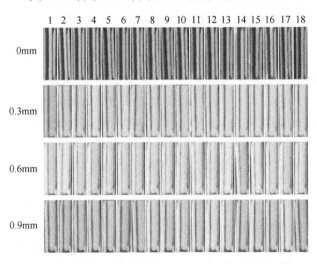

图 7-25 轴向浮动距离对齿面接触应力的影响云图(彩图见书末)

在轴向浮动距离时,内花键和外花键齿间接触面积减小,花键齿在齿顶处存在明显的应力集中现象。

根据仿真结果取花键副 1 号齿齿顶和齿根处计算结果绘制接触应力图分别如图 7-26 所示。分析齿顶接触应力图 7-26(a),当存在轴向浮动距离时,花键副齿顶处接触应力明显增大,在花键齿顶右端 $x=220$ mm 处存在明显的应力集中现象,且随着花键副轴向浮动距离的增大,花键齿顶右端处接触应力分布越不均匀。分析齿根处接触应力图 7-26(b),同样,存在浮动距离时,浮动距离为 0.9mm 时,接触应力为 259MPa,齿根处接触应力相比无浮动距离时明显增大,在花键齿根左端存在明显的应力集中现象;在花键齿根处右端接触应力明显减小,在 $x=35$ mm 与 $x=225$ mm 之间接触应力分布均匀。随着花键副轴向浮动距离的增大,花键副轴向齿根处左端和右端接触应力都分布越不均匀。

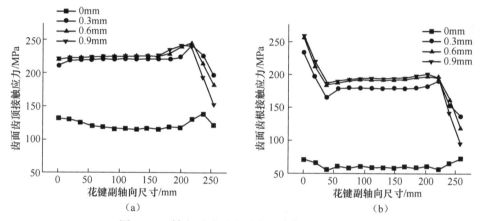

图 7-26 轴向浮动距离对齿面接触应力的影响
(a)齿面齿顶接触应力;(b)齿面齿根接触应力。

对比分析齿顶接触应力和齿根接触应力,当存在浮动距离时,左侧轴端花键副齿根处接触应力明显大于齿顶处接触应力;右侧轴端花键副齿顶和齿根应力分布不均匀。

根据 Archard 粘着磨损计算模型,花键副齿面接触应力是影响花键副摩擦磨损深度的重要因素。

$$h(x) = 2k \cdot s(x) \cdot p(x) \tag{7-15}$$

式中:$h(x)$ 为磨损深度;k 为磨损系数;$s(x)$ 为相对滑移距离;$p(x)$ 为相对接触应力。

根据图 7-26 所示结果,当存在浮动距离时,花键副齿顶右端存在应力集中,齿根的左端存在明显的应力集中。将花键齿沿轴向接触应力和相对滑移距离代入 Archard 计算模型。在齿顶处花键副右端磨损严重,齿根处右端磨损严重。根据仿真结果,控制浮动距离可以减小花键副的磨损。

第 8 章 航空渐开线花键副抗磨损设计

查阅相关资料与分析报废实体花键可以总结出导致航空渐开线花键副磨损失效的因素主要有以下几种:承受载荷的大小与均载情况;振动幅值的大小;润滑条件;花键副的材料属性;工作时的温度与湿度等条件;径向间隙、齿侧间隙、角不对中等加工或装配误差。

通过降低花键副的振动幅值或降低其所受载荷冲击等方式虽然可以显著改善航空渐开线花键副的受磨损情况,但是此类因素都是由此花键副的工作要求决定的,不可以为了改善磨损情况而使其不能达到正常工作的要求。此外,虽可以通过使用强度、硬度更高的高性能材料或利用精加工降低加工与装配误差的方式改善磨损情况,但此类方法会极大地提升花键副的制造与加工成本,不适合在工程中广泛的应用。

现阶段,工程中主要通过对花键副进行齿形修形来使得齿面载荷均匀分布,从而降低齿面最大接触应力,最终达到改善花键副磨损的目的。本章对现阶段工程中常用的几种花键副齿形优化方案进行分析并提出改进修形方案,对多种修形方案进行仿真分析与对比,最终得出可以改善航空渐开线花键副受磨损状况的载荷均匀化修形优化方案。

8.1 修形方案概述

对齿面按照一定的方法、规律进行定量的细微调整,使齿面的轮廓相对于理论设计轮廓产生一定的偏移,使得调整后齿面载荷分布均匀,从而提高渐开线花键副整体承载能力的工作称为渐开线花键修形。工程中经常采用的与近些年科研工作者提出的修形方案主要有鼓形修形、螺旋角修形、齿向分段抛物线修形、载荷均匀化曲线修形 4 种方法。

8.1.1 鼓形修形

鼓形修形是通过切削键齿两个轮廓面在两轴端的部分,致使键齿沿轴向方向的中部位置较两轴端凸出,键齿整体呈鼓状。对渐开线花键进行鼓形修形时,须先根据设计参数确定鼓形修形的最大修形量 $E_{\max}$,再根据键长 b 确定花键鼓形修形

半径 r，渐开线花键鼓形修形参数示意图如图 8-1 所示。

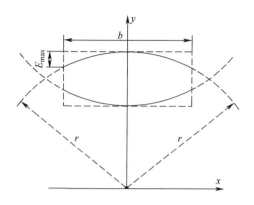

图 8-1　渐开线花键鼓形修形参数示意图

从图 8-1 中可知，根据设计要求得到所需的最大修形量 E_{max} 后，根据几何关系可得鼓形修形半径 r，即

$$\left(\frac{b}{2}\right)^2 + (r - E_{max})^2 = r^2 \tag{8-1}$$

$$r = \frac{E_{max}}{2} + \frac{b^2}{8E_{max}} \tag{8-2}$$

得到鼓形修形半径后，根据几何关系可在图示坐标系中求出任意轴向位置 x 处所对应的修形量 E_x 为

$$E_x = r - \sqrt{r^2 - x^2} \quad \left(-\frac{b}{2} \leqslant x \leqslant \frac{b}{2}\right) \tag{8-3}$$

在渐开线花键设计时，鼓形修形的最大修形量的选择主要有经验公式法与数值方法两种。根据已有的研究资料，确定鼓形修形的最大修形量 δ 的经验公式有如下几种。

（1）ISO 标准建议的鼓形修形最大修形量为

$$\delta = 0.5 F_{\beta x} \tag{8-4}$$

（2）日本标准建议的鼓形修形最大修形量为

$$\delta = 0.7 \frac{F_m}{B} \tag{8-5}$$

（3）英国标准建议的鼓形修形最大修形量为

$$f_g = A(0.1B + 10) \tag{8-6}$$

$$\delta = 0.25B \times 10^{-3} + 0.5 f_g \tag{8-7}$$

式（8-4）、式（8-5）、式（8-6）、式（8-7）中：$F_{\beta x}$ 为齿向脱开量（mm）；F_m 为圆周力（N）；B 为齿宽（mm）；A 为与精度有关的系数；f_g 为齿向误差（mm）。

8.1.2 螺旋角修形

螺旋角修形针对斜齿花键,微量调整其螺旋角,使键齿的实际齿廓面与理论齿廓面产生一定的偏差,如图 8-2 所示。但螺旋角修形具有较小的修形角,其加工制造难度大大增加,并且修形效果在各键齿沿轴向方向不显著。综合考虑,螺旋角修形在工程领域中使用较少。

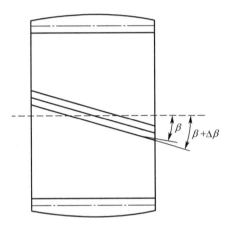

图 8-2　螺旋角修形

8.1.3 齿向分段抛物线修形

南京航空航天大学的胡正根提出了一种齿向分段抛物线修形方法,该方法对渐开线花键键齿沿轴向两端采取抛物线修形,轴向中间段不施加修形,同时保证未修形部分与修形部分的衔接点曲率等于 0,从而保证平滑过渡,避免局部应力的产生,其修形方案示意图如图 8-3 所示。

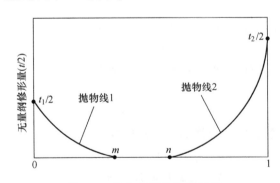

图 8-3　齿向分段抛物线修形

其中，m 和 n 为未修形部分的两端位置对应的齿长，t_1 和 t_2 为修形部分的齿厚，t 为键齿轴向任意位置的齿厚，即 $\dfrac{t}{2}$ 为刀具向径向内方向运动的齿厚，根据设计得出的 t_1、t_2、m、n 可得出分段修形抛物线的具体方程为

$$\begin{cases} \dfrac{t}{2} = \dfrac{t_1}{2m^2}z_1^2 - \dfrac{t_1}{m}z_1 + \dfrac{t_1}{2} & (0 \leqslant z_1 \leqslant m) \\ \dfrac{t}{2} = 0 & (m \leqslant z_1 \leqslant n) \\ \dfrac{t}{2} = \dfrac{t_2}{2(n-1)^2}z_1^2 - \dfrac{nt_2}{(n-1)^2}z_1 + \dfrac{n^2 t_2}{2(n-1)^2} & (n \leqslant z_1 \leqslant 1) \end{cases} \quad (8-8)$$

将修形曲线距花键中心轴的距离与轴向位置建立相应的函数关系，不同的轴向位置与不同的刀具位置相对应，从而实现不同轴向位置对应各自的切削深度，即外花键键齿齿厚沿轴向的变化，得到齿向分段抛物线修形方案下的渐开线修形花键副。

8.1.4 载荷均匀化曲线修形

还有一种根据数值计算来确定最佳修形量与修形中心的方法。设齿宽为 B，齿长为 L，设修形曲线方程为 $e(x) = ax^2 + bx + c$，得到以下方程。

$$\begin{cases} -\dfrac{b^2}{4a} + c = \dfrac{B}{2} \\ \dfrac{aL^2}{4} - \dfrac{bL}{2} + c = \dfrac{B}{2} - \Delta_1 \\ \dfrac{aL^2}{4} + \dfrac{bL}{2} + c = \dfrac{B}{2} - \Delta_2 \end{cases} \quad (8-9)$$

化简后得到

$$\begin{cases} \dfrac{aL^2}{2} + 2c = B - \Delta_1 - \Delta_2 \\ -\dfrac{(\Delta_1 - \Delta_2)^2}{2aL^2} + 2c = B \end{cases} \quad (8-10)$$

可得

$$\dfrac{L^2 a^2}{2} + (\Delta_1 + \Delta_2)a + \dfrac{(\Delta_1 + \Delta_2)^2}{2L^2} = 0 \quad (8-11)$$

解得

$$a = \dfrac{-(\sqrt{\Delta_1} \pm \sqrt{\Delta_2})^2}{L^2} \quad (8-12)$$

修形轮廓线中心轴为

$$x = -\frac{b}{2a} = \frac{L(\Delta_1 - \Delta_2)}{2(\sqrt{\Delta_1} \pm \sqrt{\Delta_2})^2} \tag{8-13}$$

由于修形曲线的顶点处修形量为 0,整个键齿上必存在修形量为 0 的点,故有

$$-\frac{L}{2} \leq -\frac{b}{2a} \leq \frac{L}{2} \tag{8-14}$$

所以

$$a = -\frac{(\sqrt{\Delta_1} \pm \sqrt{\Delta_2})^2}{L^2} \tag{8-15}$$

故对称轴为

$$x = \frac{L(\Delta_1 - \Delta_2)}{2(\sqrt{\Delta_1} \pm \sqrt{\Delta_2})^2} \tag{8-16}$$

具体修形曲线参数为

$$\begin{cases} a = -\dfrac{(\sqrt{\Delta_1} \pm \sqrt{\Delta_2})^2}{L^2} \\ b = \dfrac{\Delta_1 - \Delta_2}{L} \\ c = \dfrac{2B - (\sqrt{\Delta_1} - \sqrt{\Delta_2})}{4} \end{cases} \tag{8-17}$$

修形曲线方程为

$$e(x) = -\frac{(\sqrt{\Delta_1} \pm \sqrt{\Delta_2})^2}{L^2}x^2 + \frac{\Delta_1 - \Delta_2}{L}x + \frac{2B - (\sqrt{\Delta_1} - \sqrt{\Delta_2})}{4} \tag{8-18}$$

花键副在工程应用时,由于花键副受到转矩作用,其不同截面扭转角度存在差异,因此会使沿轴向方向分布的转矩非常不均匀。

如图 8-4 所示,传动系统的输入转矩 T_1 由内花键传递到与之啮合的外花键轴上,沿轴向方向的转矩分布方程为

$$t(x) = \frac{\mathrm{d}}{\mathrm{d}x}T_{\mathrm{ex}}(x) = K_\theta[\theta_{\mathrm{in}}(x) - \theta_{\mathrm{ex}}(x)] \tag{8-19}$$

式中:$t(x)$ 为外花键轴向任意位置 x 的转矩集度;K_θ 为内、外花键单位长度的扭转刚度,取值近似为 $K_\theta = 1.6 \times 10^8 \sim 3.5 \times 10^8 \mathrm{N/rad}$;$\theta_{\mathrm{in}}(x)$ 和 $\theta_{\mathrm{ex}}(x)$ 分别为内花键与外花键轴向方向 x 位置处各自的转动角;$T_{\mathrm{in}}(x)$ 为由外接系统传递到内花键上的转矩大小;$T_{\mathrm{ex}}(x)$ 为经外花键再次传递至外界系统的转矩大小,综上,有

$$T_{\mathrm{in}}(x) + T_{\mathrm{ex}}(x) = T_1 \tag{8-20}$$

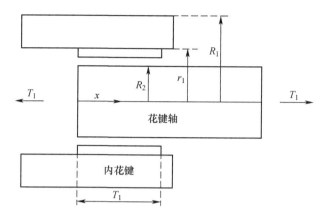

图 8-4　内外花键啮合示意图

定义转矩集度的分布函数 $t(x)$ 与单位长度转矩平均值之比为载荷分布函数 $F(x)$，即

$$F(x) = \frac{t(x)}{T_1/L_e} \tag{8-21}$$

式中：L_e 为内、外花键间实际接触长度。轴向方向上 x 位置处内、外花键转动角为

$$\theta_{in}(x) - \theta_{ex}(x) = -\int_0^x \frac{T_{in}(x)}{GM_{in}} \tag{8-22}$$

$$\theta_{ex}(x) - \theta_{ex}(x) = -\int_0^x \frac{T_{ex}(x)}{GM_{ex}} \tag{8-23}$$

式中：G 为花键副使用材料的剪切模量；M_{in} 与 M_{ex} 分别为内、外花键的剖面抗扭模量，通过如下方程计算。

$$M_{in} = \frac{\pi}{2}(R_1^4 - r_1^4) \tag{8-24}$$

$$M_{ex} = \frac{\pi}{2}R_2^4 \tag{8-25}$$

则花键副所受动载荷可表示为

$$\frac{d}{dx}t(x) = \frac{d^2}{dx^2}T_{ex}(x) = K_\theta \left[\frac{T_{ex}(x)}{GM_{ex}} - \frac{T_{in}(x)}{GM_{in}} \right] \tag{8-26}$$

对此方程考虑修形，引入前文推出的修形曲线方程后可得

$$\frac{d^2}{dx^2}T_2(x) = K_\theta \left[\frac{T_2(x)}{G_2J_2} + \frac{T_2(x)}{G_1J_1} - \frac{T}{G_1J_1} \right] - \frac{2K_\theta}{r_1+r_2}\left[\frac{de(x)}{dx}\right] \tag{8-27}$$

修形的最优效果即使键齿的载荷分布沿轴向均匀分布，所以式(8-27)应为 0，故有

$$\begin{cases} \dfrac{T(r_1+r_2)}{4L}\left[\dfrac{1}{G_2J_2}+\dfrac{1}{G_1J_1}\right]=-\dfrac{(\sqrt{\Delta_1}+\sqrt{\Delta_2})^2}{L^2} \\ \dfrac{T(r_1+r_2)}{2G_1J}=\dfrac{\Delta_2-\Delta_1}{L} \\ \dfrac{2B-(\sqrt{\Delta_1}-\sqrt{\Delta_2})}{4}=0 \end{cases} \quad (8\text{-}28)$$

最佳修形量为

$$\begin{cases} \Delta_1=\dfrac{B}{2}-\alpha-\beta \\ \Delta_2=\dfrac{B}{2}+\alpha-\beta \end{cases} \quad (8\text{-}29)$$

其中：

$$\begin{cases} \alpha=\dfrac{TL(r_1+r_2)}{4G_1J_1} \\ \beta=\dfrac{TL(r_1+r_2)}{8}\left[\dfrac{1}{G_2J_2}+\dfrac{1}{G_1J_1}\right] \end{cases} \quad (8\text{-}30)$$

综上，载荷均匀化方程为

$$e(x)=\dfrac{-\left\{\sqrt{\dfrac{B}{2}-\alpha-\beta}+\sqrt{\dfrac{B}{2}+\alpha-\beta}\right\}^2}{L^2}x^2-\dfrac{2\alpha}{L}x+\\ \dfrac{2B-\left\{\sqrt{\dfrac{B}{2}-\alpha-\beta}+\sqrt{\dfrac{B}{2}+\alpha-\beta}\right\}^2}{4} \quad (8\text{-}31)$$

8.2 优化方案验证与比较

针对转速一端输入的情况，参考 8.1 节介绍的 4 种渐开线花键修形方案，选择鼓形修形、齿向分段抛物线修形与载荷均匀化曲线修形三种修形方式（螺旋角修形针对斜齿花键，故不使用）对渐开线花键副进行修形优化分析，同时与未修形的同参数渐开线花键副的载荷与磨损分布对比，探究各方案的优化效果。

8.2.1 未修形

未修形渐开线花键副动态啮合过程中，渐开线外花键齿面接触应力分布云图如图 8-5 所示。从图中可以看出,由于转速由渐开线外花键的右侧一端进行施加,在该侧接触应力分布较为集中。齿面最大接触应力为 700MPa,接触应力值沿轴向方向逐渐减小,在距右端距离约为总齿长的 1/4 时接触应力减小为 0。齿高方向上,接触应力最大值处于接近齿顶的位置,其余位置相差不大。

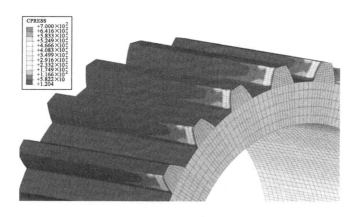

图 8-5　未修形时外花键齿面接触应力云图(彩图见书末)

8.2.2　鼓形修形优化结果

鼓形修形渐开线花键副动态啮合过程中,渐开线外花键齿面接触应力分布云图如图 8-6 所示。从图中可以看出,齿面接触应力仍较为集中地分布在外花键转速输入一端。齿面最大接触应力为 426MPa,发生在靠近转速输入端处的齿顶位置。接触应力值沿轴向方向逐渐减小,与未修形时相比,鼓形修形的外花键齿面在距右端距离约为总齿长的 1/2 时接触应力才减小为 0,即鼓形修形使得接触应力分布在齿面更多的区域上,使接触应力集中的现象得到缓解。

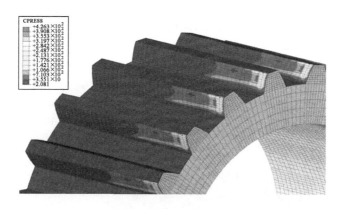

图 8-6　鼓形修形时外花键齿面接触应力云图(彩图见书末)

8.2.3 齿向分段抛物线修形优化结果

齿向分段抛物线修形渐开线花键副动态啮合过程中,渐开线外花键齿面接触应力分布云图如图 8-7 所示。从图中可以看出,接触应力分布区域与鼓形修形下的接触应力区域相比有微幅增大,接触应力值大小的分布均匀程度有显著增加,发生在齿顶处的齿面最大接触应力降低至 306MPa。接触应力沿轴向与齿高方向的分布规律与鼓形修形方案下相似,对接触应力集中的减弱效果优于鼓形修形方案。

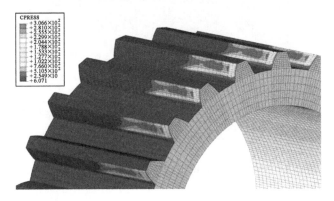

图 8-7 齿向分段抛物线修形时外花键齿面接触应力云图(彩图见书末)

8.2.4 载荷均匀化曲线修形优化结果

按载荷均匀化曲线修形后的渐开线花键副在动态啮合过程中,渐开线外花键齿面接触应力分布云图如图 8-8 所示。从图中可以看出,接触应力分布区域与其他两种修形方式相比明显增大,接触应力值大小的分布更加均匀,发生在齿顶处的齿面最大接触应力为 369MPa。在轴向方向上,与其他两种修形方案下接触应力逐渐减小至 0MPa 有所不同,载荷均匀化曲线下的接触应力逐渐增大,在轴向中间位置附近保持较大值,随后逐渐减小至 0MPa。

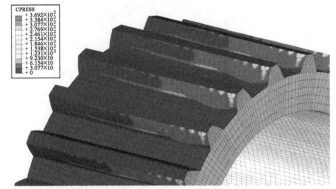

图 8-8 载荷均匀化曲线修形时外花键齿面接触应力云图(彩图见书末)

8.2.5 各修形方案比较分析

提取各修形方案下各齿面齿顶位置的接触应力值,绘制其沿轴向分布示意图,如图 8-9 所示。从图中可以看出,花键副未修形时外花键齿面接触应力轴向分布十分不均匀且最大值较大。三种修形方案对接触应力集中现象均有所改善,其中载荷均匀化曲线修形均载效果较好,鼓形修形均载效果较差。即使载荷均匀化曲线修形下最大接触应力值不是三种方案中最小的,考虑到与最小值相差不大,及其在齿面均载方面的出色表现,载荷均匀化曲线修形方案较为占优。

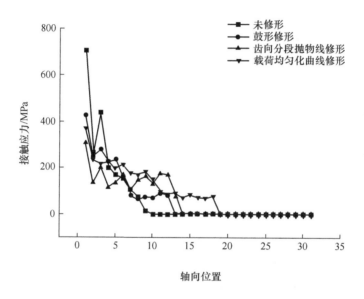

图 8-9 各修形方案下齿顶位置接触应力沿轴向分布图

对各修形方案下花键副模型旋转一周后齿面齿顶位置的磨损深度进行计算,绘制其沿轴向分布示意图,如图 8-10 所示。从图中可以看出,三种修形方案均可降低外花键齿面接触区域的磨损深度,其中鼓形修形与齿向分段抛物线修形轴向磨损发生的结束位置较为接近,均为在轴向位置 13、14 后不发生磨损。按载荷均匀化曲线对外花键进行修形,虽然延长了齿面在轴向方向有磨损产生的位置,即在轴向位置 19 处后才不发生磨损,但轴向各位置的磨损深度均低于其他两种修形方案下同位置的磨损深度,即通过扩大齿面间接触面积的方式增大均载,将磨损分配至更多接触结点上,以降低应力集中点处的磨损深度,保证花键副的正常工作。综上所述,考虑轴向各结点接触应力与磨损深度的分布情况,按载荷均匀化曲线对花键进行修形为最优方案。

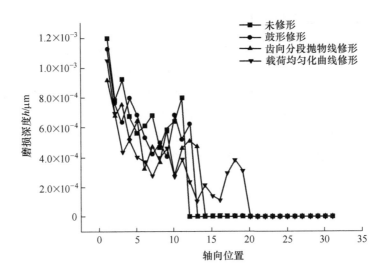

图 8-10　各修形方案下齿顶位置磨损深度沿轴向分布图

8.3　其余减磨、耐磨方法分析

8.3.1　材料副的选择

摩擦副材料配对是影响微动磨损的重要因素。设计时要对花键副材料进行合理地选用和匹配。由于花键副微动磨损是磨粒磨损、粘着磨损、氧化磨损等形式的组合磨损，因此只要所选材料有较好的抗磨粒磨损性能、抗粘着磨损性能，或者较好的抗氧化磨损性能，就能具有良好的抗微动磨损性能。由第 9 章花键副材料的摩擦磨损特性试验可以得出，18CrNi4A 以及 32Cr3MoVA 的抗粘着磨损、抗磨粒磨损性能都比较好，且 18CrNi4A 的耐磨性要更优于 32Cr3MoVA，其抗磨损性能也较好。

在符合结构强度的条件下，为了能有效吸收接触面间的相对滑移，需选择变形量大、柔性较好的材料；同时，疲劳强度大、硬度大的材料其耐磨性比较好，因此，选择该类材料能有效减轻微动磨损；对于内、外花键副材料配对情况也要合理选配，这可以通过微动初期产生的少许第三体磨料使得磨损减轻。

8.3.2　表面处理及润滑

进行喷丸处理、表面滚压和球化处理所产生的表面残余应力，通过一定的表面工程，使得材料的表面形态、组织结构、成分以及应力状态获得改变，从而减缓磨损的形成。减小表面粗糙度,精度高的表面比精度低的表面磨损程度轻。近些年,喷丸技术对于粗糙表面的处理用得比较广泛,它被作为表面涂层的一道预处理工艺,如喷射钢珠或玻璃珠来形成,经过喷丸处理,能使材料表面产生加工硬化,这虽对磨损的过程影响不大,但对磨损的结果作用较明显。同时,在花键齿材料表面进行渗碳、渗氮、渗铬和渗铝或离子注入从而使外界原子或离子渗入材料的表面,再以表面和周边的环境为介质发生化学反应使得键齿表面完全被外界材料覆盖也可以有效地减轻花键副磨损行为,比如后面第 9 章的试验证明,18CrNi4A 经渗碳处理及 32Cr3MoVA 经渗氮处理后均具有良好的抗磨损能力,均可用于航空花键副内、外花键副。

第 9 章 航空渐开线花键副材料摩擦磨损特性试验

工程应用中,花键副材料的选取、材料副的组合方式、表面处理方式、润滑方式等对花键副的微动磨损具有重要影响。为了掌握各种因素对航空花键副材料耐磨性能的影响规律,从而选取具有较好耐磨性的航空渐开线花键副材料,以及确定合适的表面处理和润滑方案,需要开展花键副材料的摩擦磨损性能试验研究。

经调研得出,国内目前用于制造航空花键副的材料为 12CrNi3A、14CrMnSiNi2-MoA、18Cr2Ni4WA、20CrNi3A 等。引进国外机种后为了国产化所研制的渗碳钢有 16Cr3NiWMoVNbE、16CrNi4MoA、18CrNi4A 等,渗氮钢有 30Cr3MoA、32Cr3MoVA、38CrMoAlA 等。

本章综合考虑各种因素选用 18CrNi4A 以及 32Cr3MoVA 作为航空渐开线花键副试验材料。忽略所选用各材料副的磨损作用机理,通过试验确定具有较好抗磨粒磨损或抗粘着磨损性能的材料(这样的材料抗其他形式磨损的能力也较好[101-102]),以此得出耐磨性最优的花键副材料。本章主要针对销-盘模式采用 MMW-1 型万能摩擦磨损试验机,研究并分析载荷、热表面处理方式、材料副、润滑特性等对该试件摩擦、磨损性能的影响,为抗磨损措施的提出提供试验依据。

9.1 试验方法

由于摩擦磨损现象十分复杂,试验方法和装置种类繁多,所得试验数据又具有条件性和离散性,较难比较,因此人们对摩擦磨损试验的方法进行了标准化。目前通常采用的试验方法有实验室试件试验法、模拟性台架试验法、实际使用试验法。对于这三种方法,可根据试验研究的要求选择。

实践表明,摩擦磨损试验方法和条件不同,试验结果差别很大。在实验室中进行试验时,应当尽可能地模拟实际工况条件。其中主要有滑动速度和表面压力的大小和变化、表面层的温度变化、润滑状态、环境介质条件和表面接触形式等。对于高速摩擦副的磨损试验,温度是主要因素,应当使试件的散热条件和温度分布接近实际情况。在低速摩擦副的试验中,由于磨合试件较长,为了消除磨合对试验结果的影响,可以预先将试件的摩擦表面磨合,以便形成与使用条件相适应的表面品质。对于未经磨合的试件通常不采纳最初测量的几个数据,因为这些数据可能不稳定。

实验室试验的方法可以根据给定的工况条件,在通用的摩擦磨损试验机上对试件进行试验,由于该试验中影响因素和工况参数容易控制,因此试验数据的重复性较高。试验周期短,适合对数量较多的试件进行试验,且试验条件的变化范围宽,可以在短时间内进行比较广泛的试验。

9.1.1 磨损量测定方法

试件的磨损量可用磨下材料的质量、体积或磨去的厚度来表示。磨损质量和磨损体积是整个磨损表面的总和,而磨损厚度测量能够反映磨损沿摩擦表面分布情况。

常用的磨损量测量方法有称量法、测长法、表面轮廓法、压痕或切槽法以及沉淀法、放射性同位素法等。

9.1.2 试验装置

MMW-1型立式万能摩擦磨损试验机(图9-1)可在一定的接触压力下,以滚动、滑动的摩擦形式,在较宽的转速范围内,用来评定润滑剂、金属、塑料、涂层、橡胶、陶瓷等材料的摩擦磨损性能。该试验机具有多种摩擦副,如低速销-盘(大盘、三针)摩擦副、四球长时抗磨损性能摩擦副、球-青铜三片润滑性能摩擦副以及止推圈、球-盘、泥浆磨损、橡胶密封圈的唇封力矩和黏滑摩擦副。该试验机在石油化工、机械、能源、冶金、航天等摩擦学研究的各专业技术领域具有广泛的用途。

试验力变化范围为0~1000N,试验力示值相对误差为±1%,摩擦力矩测量范围为0~2500N·mm,摩擦力矩示值相对误差为±2%,摩擦力臂距离为50mm,主轴转速范围为10~2000r/min,试验机主轴与下副盘最大距离大于75mm,时间控制范围为1s~9999min,试验机主电机输出最大力矩为7.2N·m,计算机及数据处理系统用来实现对整机和试验过程的全程控制,实时显示各种参数,自动记录摩擦力矩-时间曲线和温度-时间曲线。

MMW-1型立式万能摩擦磨损试验机由主轴驱动系统、各种摩擦副专用夹具、油盒与加热器、摩擦力矩测定系统、摩擦副下副盘升降系统、杠杆式加载系统、微机控制系统(包括各个主参数数显、设定控制、报警控制等单元)等部分组成。通过摩擦力矩传感器和铂热电阻温度传感器外接计算机系统后,记录试验过程中摩擦力矩-时间曲线和温度-时间曲线。主机的中面板是试验机面板操纵系统,上方是主轴驱动系统和油盒、摩擦副及各参数传感器,机座的下部是杠杆式加载系统,试验机后侧有盖板,打开时能清楚看到内部结构,以便进行调试检修。

 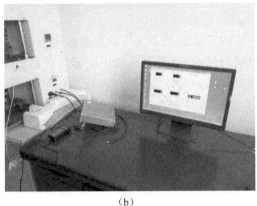

(a) (b)

图 9-1 MMW-1 型立式万能摩擦磨损试验机
(a)测试部分；(b)控制部分。

9.1.3 试验样本及成分

试验件采用销-盘形式。其中，销钉大端用来装卡，直径为 6mm，小端用来磨损，直径为 3mm，大、小端长度均为 10mm，圆盘直径为 30mm，厚度为 5mm，如图 9-2 所示。

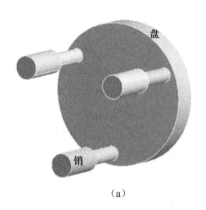 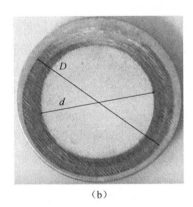

(a) (b)

图 9-2 销-盘试验件以及磨痕尺寸示意图
(a) 销-盘试验件；(b)磨痕尺寸示意图。

18CrNi4A 钢是综合性能较好的铬镍合金结构钢，被广泛用于航空发动机上制造心部要求高强度和高韧性而表面又高硬度和高耐磨性的零件上。18CrNi4A 钢的性能优于国内已有的其他相似牌号的材料。目前，直升机主减速器上的花键副等关键零件基本都采用该合金钢，其化学成分如表 9-1 所示。32Cr3MoVA 结构钢进行渗氮处理后的表面层也具有高硬度、高耐磨性、良好的热稳定性以及耐腐蚀性。因此，近年来，也被用于航空主减速器上如齿轮、轴承、花键等零件上，其化学成分如表9-2所示。

表9-1 18CrNi4A钢的化学成分(%)

C	Mn	Si	Ni	Cr	S	P	Al	Fe
0.17	0.47	0.15	3.93	0.90	0.005	0.009	0.055	其余

表9-2 32Cr3MoVA钢的化学成分(%)

C	Mn	Si	Ni	Cr	S	V	Mo	Cu	Fe
0.34	0.60	0.38	0.06	3.07	0.002	0.26	0.99	0.07	其余

9.1.4 试验方案

对表9-3所示试验件进行摩擦磨损试验。试验内容包括：对1~8组试验件进行试验，测量不同材料、不同表面处理的试验件随试验时间增加摩擦因数和磨损系数、磨损量的变化情况；对第9~11组试验件进行试验，测量不同载荷条件试验件随试验时间增加摩擦因数和磨损系数、磨损量的变化情况；对第12~14组试验件进行试验，测量不同转速下试验件随试验时间增加摩擦因数和磨损系数、磨损量的变化情况；对第15组试验件进行试验，测量不同润滑条件下的试验件随试验时间增加摩擦因数和磨损系数、磨损量的变化情况；对第16~18组试验件进行二次加工，分别在试验接触面上加工出周向、径向、斜向划痕，然后进行试验，测量不同划痕条件下的试验件随试验时间增加摩擦因数和磨损系数、磨损量的变化情况，所有试验条件如表9-3所示。

表9-3 试验件分组及试验条件

试验组	盘		销		载荷/N	转速/(r/min)	润滑方式	划痕方向
	材料	热处理	材料	热处理				
1	18CrNi4A(1个)	渗碳	18CrNi4A(3个)	渗碳	100	200	润滑油	无
2	18CrNi4A(1个)	无	18CrNi4A(3个)	渗碳	100	200	润滑油	无
3	18CrNi4A(1个)	无	18CrNi4A(3个)	无	100	200	润滑油	无
4	32Cr3MoVA(1个)	渗氮	18CrNi4A(3个)	渗碳	100	200	润滑油	无
5	32Cr3MoVA(1个)	无	18CrNi4A(3个)	渗碳	100	200	润滑油	无
6	32Cr3MoVA(1个)	无	18CrNi4A(3个)	无	100	200	润滑油	无
7	18CrNi4A(1个)	渗碳*	18CrNi4A(3个)	渗碳*	100	200	润滑油	无
8	32Cr3MoVA(1个)	渗氮*	18CrNi4A(3个)	渗碳*	100	200	润滑油	无

续表

试验组	盘		销		载荷 /N	转速 /(r/min)	润滑方式	划痕方向
	材料	热处理	材料	热处理				
9	18CrNi4A(1个)	渗碳	18CrNi4A(3个)	渗碳	50	200	润滑油	无
10	18CrNi4A(1个)	渗碳	18CrNi4A(3个)	渗碳	120	200	润滑油	无
11	18CrNi4A(1个)	渗碳	18CrNi4A(3个)	渗碳	150	200	润滑油	无
12	18CrNi4A(1个)	渗碳	18CrNi4A(3个)	渗碳	100	150	润滑油	无
13	18CrNi4A(1个)	渗碳	18CrNi4A(3个)	渗碳	100	260	润滑油	无
14	18CrNi4A(1个)	渗碳	18CrNi4A(3个)	渗碳	100	360	润滑油	无
15	18CrNi4A(1个)	渗碳	18CrNi4A(3个)	渗碳	100	200	润滑脂	无
16	18CrNi4A(1个)	渗碳	18CrNi4A(3个)	渗碳	100	200	润滑油	周向
17	18CrNi4A(1个)	渗碳	18CrNi4A(3个)	渗碳	100	200	润滑油	径向
18	18CrNi4A(1个)	渗碳	18CrNi4A(3个)	渗碳	100	200	润滑油	斜向

注：未标注的渗碳层厚度为 0.6~0.7mm，渗氮层厚度为 0.4~0.6mm，"*"表示镀银。

9.1.5 试验步骤

(1) 清洗本组试验用到的试验件，进行烘干，对试验件分别进行测重并记录。将三个销钉装入与主轴连接的夹头上，分别用三个顶丝固定，将试验用圆盘装入试验环，如图 9-3 所示，接着安装试验座，如图 9-4 所示。

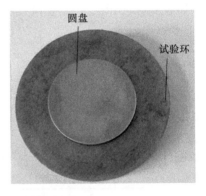

图 9-3 销钉、圆盘与试验环的安装

(2) 将试验环和试验盘安装在一起，安装在试验座上，将装入销钉的夹头放入主轴，然后握住主轴拧动拉杆，使拉杆下端的丝与夹头连紧，拉杆拧紧为止，如图 9-5 所示。

图 9-4　试验座的安装

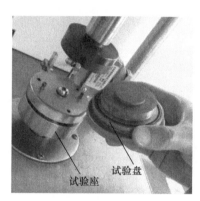

图 9-5　试验环与试验盘及试验座的安装

（3）取下如图 9-6 所示的量块，看杠杆是否水平，通过配重块来调平，调平后把量块再放到杠杆下面，根据需要把砝码挂到 1∶10 比例标牌下的托盘上。

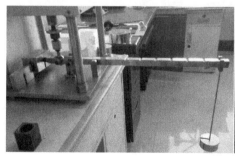

图 9-6　杠杆及砝码安装图

（4）拧动螺杆，使杠杆与量块刚刚接触时取下量块，将锁紧螺母拧紧，此时销钉与圆盘刚刚接触，杠杆为水平位置，所加负载为 100N。

141

(5) 对主机通电,再对微机通电。设定加载载荷大小、试验时间并选择销-盘摩擦副中的单针小环与三针小环摩擦副,开始试验。

到设定时间后试验自动停止,再通过拧动螺杆将试样拿下,保存微机程序中的数据,采用精密天平对试验后的试验件进行测重。图 9-7 为试验前及试验时间为 120min 时光学显微镜 10 倍放大倍数下各试验件的对比情况。

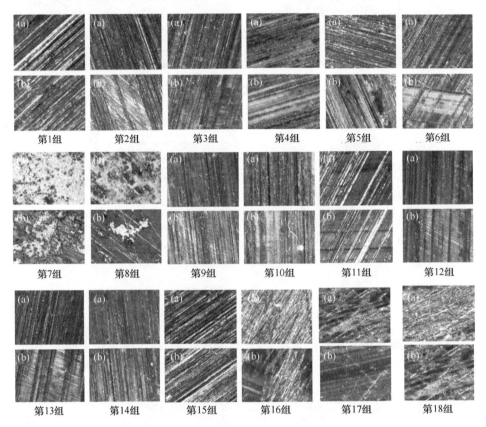

图 9-7　各组试验件试验前后光学显微镜下照片[图中(a)为磨损前;(b)为磨损后]

从图 9-7 可以看出,第 1 组试验件的磨损程度最轻,只能看见轻微的磨痕,第 5 组试验件的磨损程度最严重,在 120min 时间内,已经磨损到有断面出现,镀银时,第 7 组磨损程度没有第 8 组严重,同时可以从图中看出,对于有划痕的试验件,周向、径向、斜向划痕均加大了试验件的磨损,但周向划痕使磨损程度更为严重。

9.2　摩擦因数分析

摩擦因数是指两接触表面间的最大摩擦力与作用在其中一个表面上的正压力

的比值。

$$\mu = \frac{F_f}{F_N} \tag{9-1}$$

式中：F_f 为最大摩擦力(N)；F_N 为作用在接触表面的正压力(N)。试验结果如图 9-8~图 9-13 所示。

图 9-8 为不同材料试验件的摩擦因数。图中各组试验件的材料副配对情况见表 9-3。从图 9-8 中可以看出，4 组试验件中，第 2 组和第 5 组属不同材料的两组试验件，其摩擦因数受材料影响不大。第 2、5 组试验件在前 75min 时间内摩擦因数的值均在 0.1142 左右波动，但 75min 之后，第 2 组试验件的摩擦因数从该值慢慢减小至 0.0095 左右并保持稳定至试验结束。这是因为磨损过程中由于磨损速度不同，第 2 组试验件表面的组织被磨损掉，其摩擦因数发生了变化。

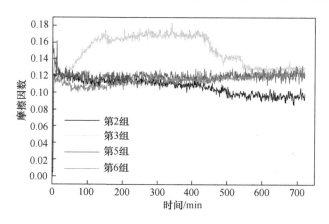

图 9-8 不同材料试验件的摩擦因数(彩图见书末)

从第 3、6 组试验件的摩擦因数结果看出，第 3 组材料副摩擦因数随着时间先增加至 0.1665 左右，然后保持该状态 60min 后，又减小至 0.1246 左右直到试验结束，而第 6 组试验件的摩擦因数值均在 0.1142 左右波动。这也是第 3 组材料副表面材料被磨损掉的原因。由此可以看出，材料对摩擦因数的影响程度是根据材料不同而不同的。对于本试验，第 3 组试验件材料的摩擦因数最大，为 0.1499，摩擦因数最小的是第 2 组，为 0.1070，第 5 组、第 6 组的摩擦因数基本相同。

图 9-9 为不同表面处理的试验件的摩擦因数。图中各组试验件的表面处理方式见表 9-3。对于图 9-9 中的试验件，第 1 组及第 7 组的表面处理方式不同，第 4 组和第 8 组的表面处理方式不同。相对于第 1 组和第 4 组，第 7 和第 8 组试验件在其基础上进行了镀银。从图中可以看出，第 1 组和第 4 组的摩擦因数在 0.1220 左右波动，第 7 组和第 8 组的摩擦因数在 0.0700 左右波动，明显小于第 1 组和第 4

组,这说明镀银处理可以减小摩擦因数。

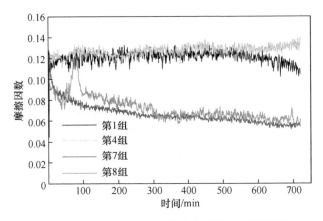

图 9-9　不同表面处理的试验件的摩擦因数(彩图见书末)

图 9-10 为不同载荷时试验件的摩擦因数。其中,第 1、9、10 和 11 组试验件分别对应的载荷大小为 100N、50N、120N 和 150N。从图中可以看出,这 4 组试验件的摩擦因数随着时间的变化均保持稳定,其中第 1 组的摩擦因数为 0.1211,第 9 组的摩擦因数为 0.1307,第 11 组试验件的摩擦因数为 0.1060,第 10 组试验件的摩擦因数为 0.1111。由此可以看出,试验件的摩擦因数随载荷的增大而减小。

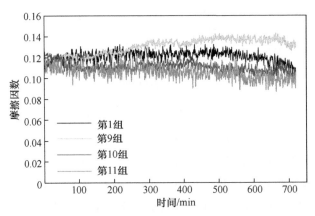

图 9-10　不同载荷时试验件的摩擦因数(彩图见书末)

图 9-11 为不同转速时试验件的摩擦因数。其中,第 1、12、13 和 14 组试验件分别对应的转速为 200r/min、150r/min、260r/min 和 360r/min。第 1 组试验件的摩擦因数为 0.1211,第 12 组试验件的摩擦因数为 0.1169,第 13 组试验件的摩擦因数为 0.1340,这 3 组试验件的摩擦因数在试验时间内均保持稳定,而第 14 组试验件的摩擦因数在前 12min 时间内为 0.1412。这说明摩擦因数随转速的增加而增加。但之后,第 14 组试验件的摩擦因数迅速减小至 0.1116,这与速度增大导致磨

损速度变化有关。

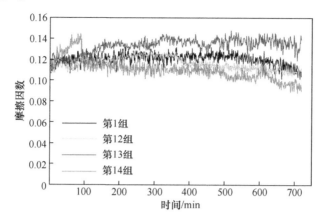

图 9-11 不同转速时试验件的摩擦因数(彩图见书末)

图 9-12 为不同润滑方式时试验件的摩擦因数。图中第 1 组试验件采用润滑油润滑,第 15 组试验件采用润滑脂润滑。第 1 组试验件的摩擦因数在试验时间内均保持不变,为 0.1211。而第 15 组采用润滑脂方式进行润滑的试验件,其摩擦因数在开始的几分钟内先减小至 0.1132,后随着试验进行逐渐增加至 0.1592,这可能是固体润滑剂的冷却效果没有液体润滑剂冷却效果好造成的。从而在试验过程中,随着试验进行,温度逐渐升高,导致第 15 组试验件的摩擦因数逐渐增加。

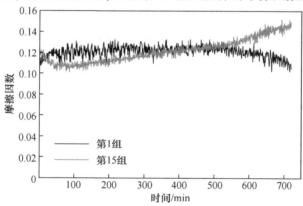

图 9-12 不同润滑方式时试验件的摩擦因数

图 9-13 为不同划痕时试验件的摩擦因数。第 1 组试验件无划痕,第 16 组试验件有周向划痕,第 17 组试验件有径向划痕,第 18 组试验件的划痕方向为斜向划痕。第 1 组试验件的摩擦因数在试验时间内均保持不变,为 0.1211。第 16 组试验件的摩擦因数在 100min 之前为 0.1146,之后增加至 0.1158,又迅速降至 0.1158。第 17 组试验件的摩擦因数从 0.1182 降至 0.086,随后在试验进行至 80min 之内保

持该摩擦因数大小的值,而80min之后又逐渐增加至0.1203。第18组试验件的摩擦因数变化情况基本和第16组试验件相似。

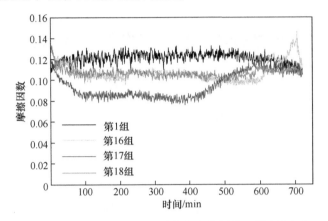

图9-13 不同划痕方向时试验件的摩擦因数(彩图见书末)

9.3 磨损量分析

在磨损过程中产生的材料损失量称为磨损量。一般分为线磨损量、质量磨损量和体积磨损量。在本节,为了方便测量和计算,选用磨损深度表示磨损量。即当试验进行到一定时间时,将试验件取下,采用测量精度为0.1mg的精密分析天平进行称重,得出磨损损失掉的重量 m_w,根据下面的公式得出试验件磨损深度 h,即

$$h = \frac{V}{s_w} \tag{9-2}$$

式(9-2)、(9-3)中:V为磨损体积(mm^3),$V=m_w/\rho$,ρ 为材料密度,$\rho=7800kg/m^3$;$s_w = \pi \cdot \frac{(D^2-d^2)}{4}$,为磨痕面积($mm^2$)。由试验得到的各组试验件磨损量情况如图9-14~图9-19所示。

如图9-14显示,各组试验件的磨损量均随时间的增加逐渐增加,第2组试验件的磨损量最大值为 1.87×10^{-4} mm,第5组试验件的磨损量最大值为 1.0×10^{-2} mm,第3组试验件的磨损量最大值为 4.2×10^{-3} mm,第6组试验件的磨损量最大值为 2.9×10^{-3} mm。由此可以得出,第2组材料副的磨损量相对于其他3组材料副其磨损量最小。

图9-15显示,各组试验件的磨损量变化趋势与第2、3、5、6组相似,都是随时间的增加而增加,但第1组试验件的磨损量最小,其值为 9.4×10^{-5} mm。第7组试验件的磨损量最大值为 6.4×10^{-4} mm。第4组试验件的磨损量最大值为 2.7×10^{-3}

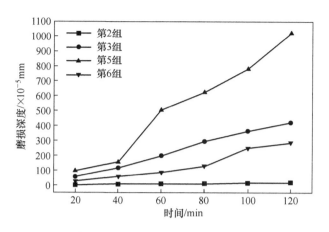

图 9-14　不同材料试验件的磨损量

mm。第 8 组试验件的磨损量最大值为 $2.5×10^{-3}$ mm。由此可得,镀银表面处理对材料副的磨损量有影响,影响规律也跟材料副其他因素有关。对于本章中研究的这两组材料副,18CrNi4A 经渗碳处理后进行镀银,其磨损量增加,32Cr3MoVA 经渗氮处理后其磨损量减小。

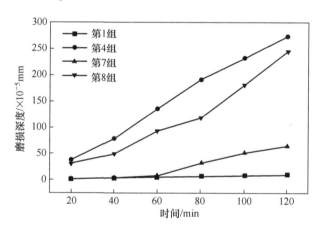

图 9-15　不同热表面处理的试验件的磨损量

在图 9-16 中,第 9 组试验件的磨损量最大值为 $4.7×10^{-5}$ mm,第 1 组试验件的磨损量最大值为 $9.4×10^{-5}$ mm,第 10 组试验件的磨损量最大值为 $6.3×10^{-4}$ mm,第 11 组试验件的磨损量最大值为 $7.7×10^{-4}$ mm。可以看出,对于试验所给定的载荷范围,该 4 组试验件的磨损量随时间增加而增加,随载荷的增加其磨损量也增加。

从图 9-17 中可以看出,各组试验件的磨损量仍然随时间的增加而增加。第 1 组和第 13 组的磨损量基本相同,为 $9.4×10^{-5}$ mm。第 12 组的磨损量最大,其最大

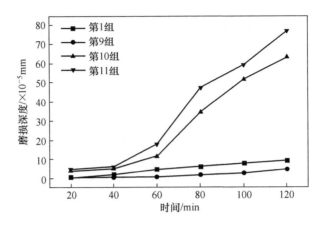

图 9-16　不同载荷时试验件的磨损量

值为 $2.7×10^{-3}$ mm。而第 14 组试验件的磨损量最大值则为 $1.3×10^{-3}$ mm。故可以得出,在本章给定的转速下,当转速为 150r/min 时材料副磨损量最大,接着当转速由 150r/min 增加至 200r/min 时材料副的磨损量迅速减小,而当转速由 200r/min 增大至 360r/min 时,磨损量随转速的增加而增加。

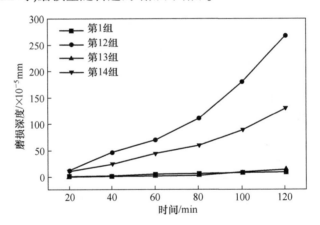

图 9-17　不同转速时试验件的磨损量

从图 9-18 可以看出,第 15 组试验件的磨损量最大值为 $1.1×10^{-4}$ mm,比第 1 组的磨损量值要大,即润滑脂时的磨损情况比润滑油时的要严重些。

从图 9-19 可以看出,第 16 组试验件的磨损量随着时间的增长比较快,在 120min 内从 0 增长至 $1.1×10^{-2}$ mm。而第 17 和第 18 组试验件的磨损量则基本相同,最大值为 $2.0×10^{-3}$ mm。同时,第 1 组试验件的磨损量最小,且增长速度也比较慢。这与试验后显微镜下看的结果相同。

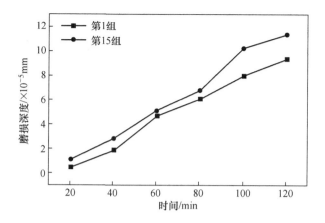

图 9-18　不同润滑方式时试验件的磨损量

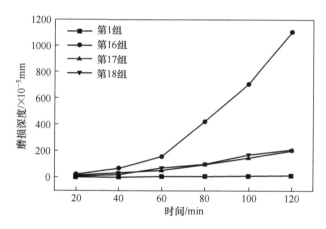

图 9-19　不同划痕方向时试验件的磨损量

9.4　磨损系数分析

磨损系数又称磨损率,可以理解为在单位负荷作用下滑动单位距离所引起的体积磨损。根据本章试验特点及磨损系数计算方法,试验中的试验件之间进行的是大距离相对滑动运动,其磨损形式刚开始一小段时间(20min 左右)主要以粘着磨损为主,之后的时间里均以磨粒磨损为主。故在试验刚开始一小段时间(20min 左右)测得的磨损系数为该材料的粘着磨损系数 k_n,之后为该材料的磨粒磨损系数 k_m,此处统一用 $k(\mathrm{MPa}^{-1})$ 表示,由下式[103]计算。

$$k = \frac{V}{d_s F_N} \tag{9-3}$$

式中：$d_s = n_n \cdot t \cdot l_z$，为滑移距离(mm)，$n_n$ 为销钉的转速($r \cdot min^{-1}$)，t 为试验时间(min)；$l_z = \pi(D+d)/2$，为磨痕的周长(mm，F_N 为正压力(N)；D 和 d 如图 9-2 (b)所示。

由试验条件可知，载荷作用时间为 2h，转速为 200r/min，则每个试验件均转过 24000 转，即载荷循环了 24000 次。试验 2h 后，磨损系数结果如图 9-20~图 9-25 所示。

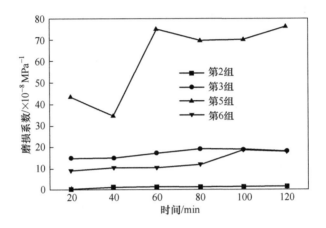

图 9-20　不同材料试验件的磨损系数

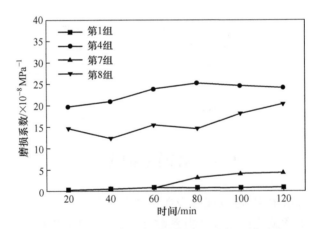

图 9-21　不同热表面处理的试验件的磨损系数

从图 9-20 可以看出，对于不同的材料，磨损系数在试验时间内都是逐渐增加的。第 2 组试验件的磨损系数在试验时间内变化不大，为 $1.5 \times 10^{-8} MPa^{-1}$。第 5 组试验件的磨损系数在 40min 之前稳定在 $4.0 \times 10^{-7} MPa^{-1}$ 左右，之后迅速增加到 $7.2 \times 10^{-7} MPa^{-1}$ 左右，然后保持恒定至试验结束。第 3 组试验件的磨损系数情况与第 2 组类似，只是其磨损系数的值比第 2 组大，为 $1.8 \times 10^{-7} MPa^{-1}$。第 6 组试验件的磨损系数在 80min 之前稳定在 $1.0\times10^{-7}\mathrm{MPa}^{-1}$ 左右,随后慢慢增长至 $1.5\times10^{-7}\mathrm{MPa}^{-1}$ 到试验结束。由此可以看出,不同的材料副其磨损系数是不同的,对于本章研究的两组材料副来说,第 2 组的磨损系数最小。

对于图 9-21,与图 9-20 一样,4 组试验件的磨损系数也均呈逐渐上升的趋势。第 1 组试验件的磨损系数基本稳定在 $0.9\times10^{-8}\mathrm{MPa}^{-1}$,上升趋势不明显。第 7 组试验件的磨损系数在前一个小时里没有太大变化,在 $0.6\times10^{-8}\mathrm{MPa}^{-1}$ 左右波动,后一个小时则稳定上升至 $4.0\times10^{-8}\mathrm{MPa}^{-1}$。第 4 组试验件的磨损系数从开始的 $2.0\times10^{-7}\mathrm{MPa}^{-1}$ 逐渐增加至 $2.5\times10^{-7}\mathrm{MPa}^{-1}$。而第 8 组试验件的磨损系数则从 $1.5\times10^{-7}\mathrm{MPa}^{-1}$ 逐步增加至 $1.9\times10^{-7}\mathrm{MPa}^{-1}$。镀银对材料副的磨损系数有一定影响,但影响规律还与材料副其他因素有关,对于本章研究的这两组材料副,18CrNi4A 经渗碳处理后进行镀银,其磨损系数会增加,32Cr3MoVA 经渗氮处理后镀银其磨损系数会减小。

图 9-22 表明,第 9 组材料副的磨损系数从 $0.2\times10^{-8}\mathrm{MPa}^{-1}$ 缓慢地增长至 $0.4\times10^{-8}\mathrm{MPa}^{-1}$。第 1 组试验件的磨损系数基本稳定在 $8.5\times10^{-9}\mathrm{MPa}^{-1}$。第 10 组试验件的磨损系数在试验进行至 20min 的时候为 $1.8\times10^{-8}\mathrm{MPa}^{-1}$,随后有所减小,但在 80min 的时候增加至 $4.58\times10^{-8}\mathrm{MPa}^{-1}$。第 11 组试验件的磨损系数随时间的变化趋势与第 10 组相似,但其磨损系数值相对第 10 组偏大,最后增加至 $5.6\times10^{-8}\mathrm{MPa}^{-1}$。这说明,在本试验所给定的载荷范围内,随着载荷的增加,经渗碳处理的材料副 18CrNi4A 的磨损系数也逐渐增加。

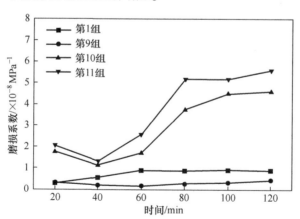

图 9-22 不同载荷时试验件的磨损系数

从图 9-23 可以看出,第 1 组和第 13 组试验件的磨损系数基本相同,为 $0.9\times10^{-8}\mathrm{MPa}^{-1}$。第 12 组试验件的磨损系数最大,由开始的 $4.9\times10^{-8}\mathrm{MPa}^{-1}$ 逐渐增长至 $2.0\times10^{-7}\mathrm{MPa}^{-1}$。而第 14 组试验件的磨损系数则从开始的 $4.9\times10^{-8}\mathrm{MPa}^{-1}$ 逐渐增长至 $1.0\times10^{-7}\mathrm{MPa}^{-1}$。因此,可以得出,转速对材料副的磨损系数有影响,材

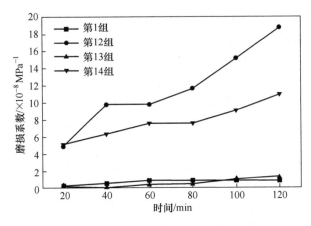

图 9-23 不同转速时试验件的磨损系数

料副的磨损系数先随转速的增加而增加,当转速达到一定程度时,其磨损系数减小。

从图 9-24 中可得,第 15 组试验件的磨损系数和第 1 组试验件的磨损系数变化趋势相似,其大小也基本相同,说明本试验所选材料副无论采用润滑脂还是润滑油,对其磨损系数的影响不是很大。

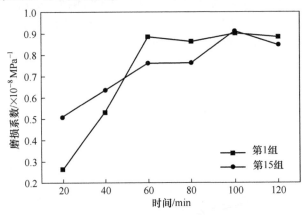

图 9-24 不同润滑方式时试验件的磨损系数

从图 9-25 可以看出,第 16 组试验件的磨损系数最大值为 $2.0 \times 10^{-7} \mathrm{MPa}^{-1}$,第 17 组试验件的磨损系数最大值为 $6.2 \times 10^{-8} \mathrm{MPa}^{-1}$,第 18 组试验件的磨损系数最大值为 $9.0 \times 10^{-8} \mathrm{MPa}^{-1}$。可以得出,划痕对材料副的磨损系数有一定影响,有划痕的材料副其磨损系数比无划痕材料副的磨损系数大,且周向划痕的材料副其磨损系数大于斜向划痕材料副的磨损系数,对磨损系数影响最小的是径向划痕。

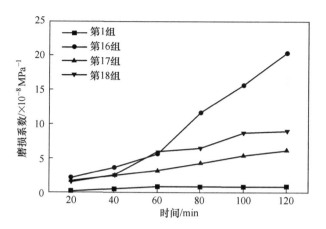

图 9-25　不同划痕方向时试验件的磨损系数

第 10 章　航空渐开线花键副微动磨损模拟试验及仿真分析

　　微动磨损是零部件材料在接触压力和微幅振动共同作用下的一种磨损形式，它具有隐蔽性，微动磨损程度和最大磨损出现部位等均难以随时观察，所造成的损伤后果一般都需要在一定的载荷循环次数后才能表现出来。由于微动磨损是一个复杂的化学与机械共同作用过程，其机理分析目前还是以试验研究为主。通过试验研究，一方面可以探讨零部件的磨损机理，而且可以验证理论分析的正确性；另一方面也为零部件的设计、使用、加工等提供一定的参考依据。

　　由于航空渐开线花键副加工成本较高，与其适用的微动磨损试验平台搭建难度较大，所以本章提出了采用平面花键副模拟实际花键副微动磨损的试验方案，开展了花键副微动磨损的模拟试验研究。采用相同参数的齿条平面花键副代替渐开线圆柱花键副，在高频拉压振动疲劳试验机上模拟渐开线花键副齿面接触压力和微幅振动，采用试验手段探索花键副微动磨损过程与机理，为航空渐开线花键副的微动磨损机理探索提供试验基础，也为其微动磨损量预估提供材料摩擦、磨损特性参数及数值模型基础。

10.1　试验装置及原理

10.1.1　试验装置与试验件

　　根据航空渐开线花键副在实际工作过程中的受力形式及摩擦、磨损特点，采用齿条平面花键副模拟渐开线圆柱花键副的摩擦运动，借助美国进口 INSTRON 8872 高频拉压振动疲劳试验机实现平面花键副的摩擦磨损试验，试验装置如图 10-1 所示。

　　INSTRON 8872 高频拉压振动疲劳试验机主要由主机、载荷传感器、上夹头、下平台等部件组成。其中，上夹头和下平台均由液压伺服系统控制，实现垂直方向加载和拉压运动。载荷传感器采用专利型 Dynacell 传感器，该传感器可以抵消由工装及夹具造成的惯性负载。

　　为了更准确地研究其微动磨损机理，采用扫描电子显微镜（SEM）进行试验件

(a) (b)

图 10-1　INSTRON 8872 高频拉压振动疲劳试验机
(a)加载与振动部分；(b)控制与测试部分。

磨损表面形貌观察。它能够从各种角度直接地观察样品表面的结构，可对材料剖面的特征、零件内部及表面的损伤形貌进行判断和分析。由于扫描样本尺寸较大，本试验采用 ZEISS SUPRA 扫描电镜对磨损后试验件的表面微观形貌进行观察分析，如图 10-2 所示。

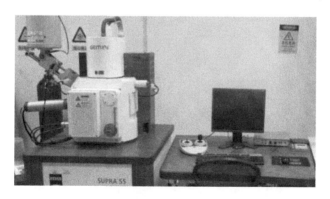

图 10-2　航空渐开线花键的 SEM 扫描设备

磨损成分分析采用 X 射线能量色散谱分析方法，简称 EDS 或 EDX 方法。目前，扫描电子显微镜 SEM 基本都配有 X 射线能谱(EDS)分析的电子探针附件，可分析样品微区的化学成分等信息。本试验采用 ZEISS SUPRA 扫描电镜自带的能谱仪(EDS)对该内花键副的局部及全齿面的化学成分进行分析。

使用 sensofar 3D 表面轮廓分析仪(图 10-3)测量花键的表面轮廓及微动磨损量。

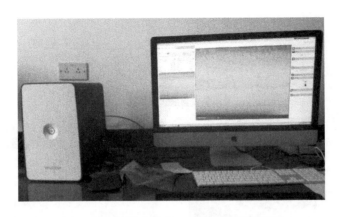

图 10-3　平面花键的 3D 表面轮廓分析仪

试验件组装图如图 10-4 所示。图中平面花键 1(或平面花键 3)模拟外花键，平面花键 2 模拟内花键，借助 4 个螺栓连接，将平面花键 1(或平面花键 3)夹持在两个平面花键 2 之间，平面花键 1(或平面花键 3)与试验机上的夹头相连接，而平面花键 2 借助夹具(图 10-5(d))与试验台下平台相连接。为了分别对微动工况下的花键副静摩擦因数以及航空渐开线花键副微动工况下的微动磨损进行模拟试验，试验共设计了轴线振动和周向振动两种振动模式，即平面花键 1 的键齿方向为纵向键齿，键齿方向与拉压振动方向相同；平面花键 3 的键齿方向为横向键齿，键齿方向与拉压振动方向垂直。

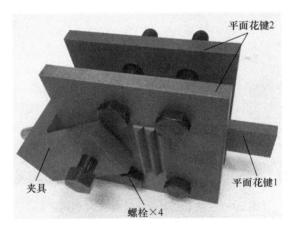

图 10-4　试验件组装图

基于第 2 章航空渐开线花键副材料的摩擦磨损试验结论，平面花键采用材料 18CrNi4A 钢(渗碳层厚度为 0.6~0.7mm，表面硬度为 HRC56.3)。试验件尺寸及结构示意图如图 10-5 所示。其中，平面花键 1 和平面花键 3 的齿数 $z=2$，平面花键2的齿数$z=3$,模数均为$m=2.5\text{mm}$,压力角$\alpha=30°$,齿厚$s=3.927\text{mm}$,齿距$t_t=7.85\text{mm}$,齿高$h=5.625\text{mm}$。

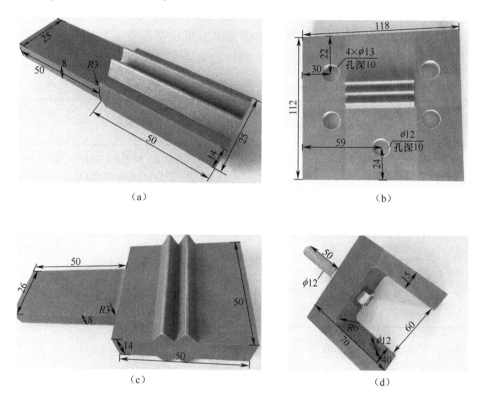

图10-5 平面花键结构及夹具结构尺寸示意图
(a)平面花键1结构尺寸示意图;(b)平面花键2结构尺寸示意图;
(c)平面花键3结构尺寸示意图;(d)平面花键副夹具结构尺寸示意图。

10.1.2 试验原理及试验方案

根据微动磨损的特点,在试验过程中,从以下三个方面来判定两接触面间是否发生了微动磨损:

(1)所分析系统是否存在循环交变应力或振动源;

(2)微动主要发生在相对静止但存在微幅运动的两接触面上,参照两接触面的其他部分,借助各种光学仪器或显微电子仪观察局部两接触面上的运动痕迹和表面形貌、表面或亚表面的微裂纹是否满足微动磨损的特点;

(3)对磨屑进行分析,观察其成分是否与微动磨屑一致。

借助INSTRON 8872高频拉压振动疲劳试验机,对表10-1所示工况和分组的试验件进行微动磨损试验,试验中振动频率$f=50Hz$。在恒定法向载荷下紧密配合的两平面花键加载微幅拉压振动,使花键副试件接触面之间发生微动运动。试验过程中定时观察两接触面表面形貌、化学成分变化、磨屑成分、表面轮廓变化等情况。通过INSTRON 8872高频拉压振动疲劳试验机检测装置实现摩擦力、振动位移的采集,得出微动工况下的摩擦因数、磨损量变化情况及磨损系数。

表 10-1 试验件分组及试验条件

试验分组	平面花键1的件数	平面花键2的件数	平面花键3的件数	润滑	法向载荷/N	振动位移幅值/μm
1	1	2	0	油润滑	833.33/1666.67/2500/3333.33/4166.67/5000	0
2	0	2	1	无润滑	1666.67	20
3	0	2	1	无润滑	1666.67	35
4	0	2	1	无润滑	1666.67	50
5	0	2	1	油润滑	1666.67	20
6	0	2	1	油润滑	1666.67	35
7	0	2	1	油润滑	1666.67	50

由于平面花键副属于槽面接触,其当量摩擦因数μ_v是指由INSTRON 8872高频拉压振动疲劳试验机检测器实时采集记录的两接触表面间的摩擦力,与试验中施加在其中一个平面花键啮合表面上的法向正压力的比值,其表达式如下。

$$\mu_v = \frac{F_f}{F_N} \tag{10-1}$$

$$T_N \approx 0.2 d_1 F_N \tag{10-2}$$

$$\mu = \mu_v \cdot \sin\alpha \tag{10-3}$$

式(10-1)、(10-2)、(10-3)中:F_f为最大摩擦力(N);F_N为作用在其中一平面花键上的法向正压力(N);T_N为螺栓预紧扭矩(N·m);d_1为螺纹大径(mm);μ为花键副的摩擦因数;α为键齿压力角。

为了研究微动工况下的平面花键接触表面摩擦因数随正压力的变化情况,对表10-1所示第1组试验件分别在F_N为833.33N、1666.67N、2500N、3333.33N、4166.67N、5000N时的摩擦因数随载荷循环次数变化情况进行测量,测量时振动频率$f=50Hz$,振动由垂直牵引力控制,当试验控制部分界面图上出现牵引力不再增加或者急剧下降的情况时,认为该时刻的牵引力为最大摩擦力,即可获得不同F_N

时的平面花键接触面静摩擦因数。

试验中对磨损量测量时,认为在磨损过程中产生的材料损失量称为磨损量。虽然称重法具有简单易操作的优点,但本试验中试验件体积偏大,难以在精密天平中放置;且试验中发现,由于材料粘着磨损的发生等原因有可能导致磨损后的试验件重量大于磨损前的试验件重量,致使磨损量测量误差偏大。因此为了提高测量精度,这里选用磨损深度表示磨损量,当试验进行到一定时间时,将试验件取下,采用表面轮廓分析仪测得磨损表面的线型轮廓,如图10-6所示,由磨损表面线型轮廓可得出试验件磨损深度 h,即磨损深度均值线刻度值的绝对值与初始轮廓均值刻度值绝对值之差。

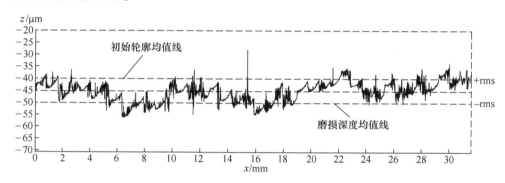

图10-6 平面花键磨损表面轮廓线

试验中磨粒磨损系数 k_m、粘着磨损系数 k_n 均根据式(10-4)计算。

$$k = \frac{V}{s_s F_N} \tag{10-4}$$

式中:$V = b_s \cdot w_s \cdot h$,为磨损体积($mm^3$),$b_s$ 为平面花键齿面的长(mm);w_s 为平面花键齿面的宽(mm);$s_s = s_m \cdot N$,为滑移距离(mm),s_m 为试验给定振动位移的幅值,N 为磨损循环次数。具体磨粒磨损系数 k_m、粘着磨损系数 k_n 的值,根据微动磨损过程中某段循环次数内哪个磨损形式为主要磨损形式为主确定。

而对于氧化磨损系数 k_y,其计算公式为[104]

$$k_y = A_0 \exp(-E/RT) \cdot d^s / v \xi^2 \rho^2 \tag{10-5}$$

式中:A_0 为阿累尼乌斯常数;E 为激活能(kcal/mol);R 为通用气体常数(J·mol^{-1}·K^{-1});T 为滑移界面绝对温度(K);d^s 为接触区域面积(mm^2);v 为滑移速度(mm/s);ξ 为氧化膜厚度(mm);ρ 为氧化膜密度(kg/m^3)。由于本试验条件有限,没法准确测量氧化膜厚度,因此这里不予研究,后续计算模型中用到的氧化磨损系数采用参考文献中的参考值。

10.1.3 试验步骤

(1) 为了分析平面花键试验件的静摩擦因数,超声波清洗表10-1中第1组试验件,进行烘干。采用3个螺栓将其安装在一起,再将固定好的平面花键安装在夹具上,如图10-7所示。通过夹具将平面花键固定在试验台上。

(2) 借助侧力矩扳手,对4个螺栓连接分别施加833.33N的预紧力,使平面花键1与平面花键2紧密接触,如图10-8所示。在试验控制界面上设置试验方法和垂直牵引力、频率等参数,点击开始。当控制部分的电脑界面出现垂直牵引力不变或者发生下降情况时,停止试验,保存试验结果。接着改变螺栓连接的预紧力,使正压力 F_N 分别为1666.67N、2500N、3333.33N、4166.67N、5000N,重复试验步骤(2)。静摩擦因数测试完毕,停止试验,卸下试验件。

图10-7 固定好的平面花键结构

图10-8 平面花键间紧密配合

(3) 超声波清洗表10-1中第2组试验件,进行烘干。采用扫描电镜观察试验件初始表面形貌、化学成分及表面轮廓,保存记录观察结果。

(4) 同步骤(1),分别施加1666.67N的正压力安装该组平面花键试验件,再将固定好的平面花键通过夹具固定在试验台上。

(5) 按照表10-1中所列第2组试验的工况在试验控制界面上设置试验方法和振动位移幅值、频率等参数,点击开始。

(6) 当试验磨损循环次数达到 $\Delta N = 1 \times 10^6$ 时,拧下4个螺栓,取下中间的平面花键。

(7) 再清洗、烘干后,利用扫描电镜观察表面形貌和EDS分析,观察磨损表面是否有裂纹发生,测量其磨损深度,记录测量数据,并记录观察结果。

(8) 以 $\Delta N = 1 \times 10^6$ 作为磨损循环增量,试验磨损循环次数每达到一个磨损循环增量的倍数,重复步骤(4)~(7),直到磨损循环总数达到 $N_t = 1 \times 10^7$ 时拆卸试验件,关机,关电源,试验结束。

(9) 对表10-1中剩余5种工况试验件按照试验步骤(3)~(8)分别进行试

验,得到试验结果。

10.2 摩擦因数分析

图 10-9 为 F_N 分别为 833.33N、1666.67N、2500N、3333.33N、4166.67N、5000N 时的摩擦因数随磨损循环次数的变化情况。从图 10-9 可以看出,无论承受多大正压力的平面花键副,在垂直牵引力作用下,摩擦因数由 0 逐渐增加至一个最大值,然后保持不变或急剧下降,此时的摩擦因数即为该正压力下平面花键副的静摩擦因数。当 F_N 为 833.33N 时,平面花键副的静摩擦因数为 0.3438;当 F_N 达到 1666.67N 时,平面花键副的静摩擦因数增加至 0.3481;当 F_N 为 2500N 时,平面花键副的静摩擦因数为 0.3711;当 F_N 逐渐增加至 3333.33N 时,平面花键副的静摩擦因数也相应增加,其值为 0.4278;当 F_N 为 4166.67N 时,平面花键副的静摩擦因数为 0.4422;最终当正压力 F_N 达到 5000N 时,平面花键接触面的静摩擦因数增加至 0.6295。由此可知,材料摩擦副的静摩擦因数随着正压力的增加而增加。

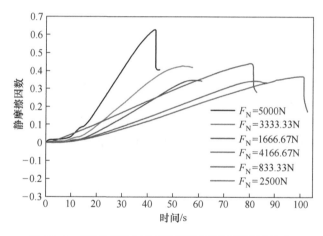

图 10-9 不同正压力时的静摩擦因数(彩图见书末)

表 10-1 所示第 2~7 种微动工况下的摩擦因数变化情况如图 10-12 所示。由图可知,有润滑和无润滑时,平面花键副表面的微动摩擦因数不随微动振幅的增加或减少有规律可循。但无润滑状态下,当磨损循环次数由 0 增加至 5×10^5 时,由于平面花键齿面粗糙度的原因,给定的三种微动幅值下的平面花键副表面的微动摩擦因数均增大。当载荷循环次数大于 5×10^5 时,由于摩擦因数又下降至 0.3231 附近,这是因为摩擦接触副表面的粗糙度有所改善,也可能与摩擦过程中产生的磨屑及氧化膜等的润滑作用有关。随后,因摩擦副表面温度增加导致摩擦因数逐渐上升。而有润滑状态下,三种微动幅值下的平面花键副表面的微动摩擦因数均波动

较平稳,但还是有微小的上升趋势,这也是由磨损过程中温度增加所致。由 9.2 节可知,18CrNi4A 渗碳后的材料副在油润滑情况下其动摩擦因数为 0.12。从图 10-10 中可以看出,无论有润滑还是无润滑,在微动工况下,平面花键副表面的摩擦因数均在其动摩擦因数与静摩擦因数间波动。

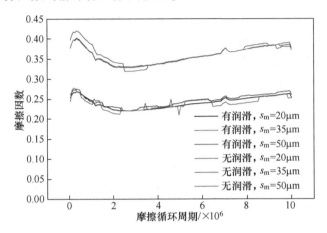

图 10-10　不同工况时平面花键副的摩擦因数(彩图见书末)

10.3　磨损量及磨损系数分析

为便于与仿真分析结果进行验证,将采用轮廓仪采集到的表面轮廓曲线数据每隔 5mm 提取一个数值(平面花键沿轴向接触长度为 50mm),得到表 10-1 中第 2~7 种工况的试验微动磨损量,结果如图 10-11 所示。

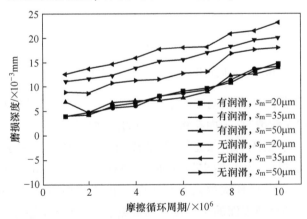

图 10-11　不同微动工况时平面花键副的磨损量

通过对图 10-11 的试验结果分析得出如下结论。有润滑状态下,当微动振幅为 20μm 时,平面花键副表面的磨损深度最大值为 0.0146mm;当微动振幅为 35μm 时,平面花键副表面的磨损深度最大值为 0.0140mm;当微动振幅为 50μm 时,平面花键副表面的磨损深度最大值为 0.0139mm。无润滑状态下,当微动振幅为 20μm 时,平面花键副表面的磨损深度最大值为 0.0200mm;当微动振幅为 35μm 时,平面花键副表面的磨损深度最大值为 0.0232mm;当微动振幅为 50μm 时,平面花键副表面的磨损深度最大值为 0.0179mm。

图 10-12 为不同微动工况时平面花键副的磨损系数,由图可知,在本试验给定的微动振幅下,磨损系数与微动振幅的关系无规律可循,但 6 种工况下的平面花键副磨损系数均随载荷循环次数的增加而增加,且在有润滑状态下时,三种微动振幅下的平面花键副表面磨损系数均比干摩擦状态下的有所减小,说明润滑可以降低磨损系数。同时,根据微动磨损的特征,磨损刚开始时一小段时间内,主要以粘着磨损为主,故可认为循环刚开始时的磨损系数即为试验中平面花键副表面的粘着磨损系数,之后则为磨粒磨损系数。从图 10-12 中可以看出,无润滑时,平面花键副表面的粘着磨损系数近似为 $5.5 \times 10^{-9} \mathrm{MPa}^{-1}$,磨粒磨损系数均值为 9.3×10^{-9} MPa^{-1};而有润滑时,平面花键副表面的粘着磨损系数近似为 $3.7 \times 10^{-9} \mathrm{MPa}^{-1}$,磨粒磨损系数均值为 $8.6 \times 10^{-9} \mathrm{MPa}^{-1}$。

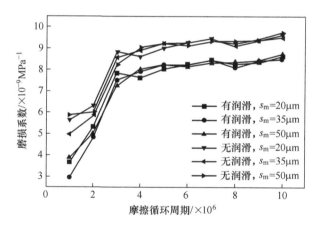

图 10-12　不同微动工况时平面花键副的磨损系数

10.4　磨损机理探讨

由于微动磨损发生在两个相互做微幅运动的接触摩擦副表面上,经过磨损后,两接触摩擦副的表面形貌、表面粗糙度、表面化学成分及结构都发生了变化。因此在磨损机理研究方面广泛应用现代表面测量技术对探索两磨损接触表面微动磨损机理有着极其重要的意义。目前,用于物体形貌观察最广泛的工具为扫描电子显微镜(SEM)。它能够从各种角度直接观察样品表面的结构,可对材料剖面的特征、零件内部及表面的损伤形貌进行判断和分析。

为了更准确地研究平面花键副表面的磨损机理,对试验中磨损的平面花键齿面及磨损产生的磨屑"过程化"进行表面形貌分析及化学元素分析,即在磨损载荷循环过程中,以磨损载荷循环次数 $\Delta N = 1 \times 10^6$ 为1个增量,试验每进行1个磨损循环增量,对磨损齿面进行一次表面测量。图10-13 为本试验平面花键副表面的

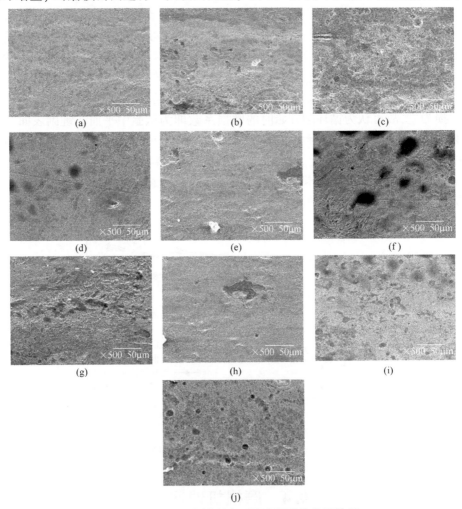

图 10-13 平面花键副表面的磨损形貌分析结果
(a) $N = 1 \times 10^6$ 时的表面形貌;(b) $N = 2 \times 10^6$ 时的表面形貌;(c) $N = 3 \times 10^6$ 时的表面形貌;
(d) $N = 4 \times 10^6$ 时的表面形貌;(e) $N = 5 \times 10^6$ 时的表面形貌;(f) $N = 6 \times 10^6$ 时的表面形貌;
(g) $N = 7 \times 10^6$ 时的表面形貌;(h) $N = 8 \times 10^6$ 时的表面形貌;(i) $N = 9 \times 10^6$ 时的表面形貌;
(j) $N = 1 \times 10^7$ 时的表面形貌。

磨损形貌分析结果;图 10-14 为本试验平面花键副表面的局部化学成分分析结果。

1. 表面形貌分析

图 10-13 为平面花键副典型的磨损表面形貌。对比图 10-13(a)和(b)可以看出,当磨损循环次数达到 1 个磨损循环增量时,摩擦表面出现黏附的磨屑颗粒及其脱落后形成的浅坑,说明该磨损循环次数内的磨损机理主要为粘着磨损。从图 10-13(c)可以看出,随着磨损循环次数达到 2 个磨损循环增量时,磨损表面有波纹状浮雕存在,同时出现了少量脱落的颗粒及其脱落后形成的小坑,说明此磨损循环次数下,平面花键副的磨损以氧化磨损为主,并伴随有轻微的粘着磨损。

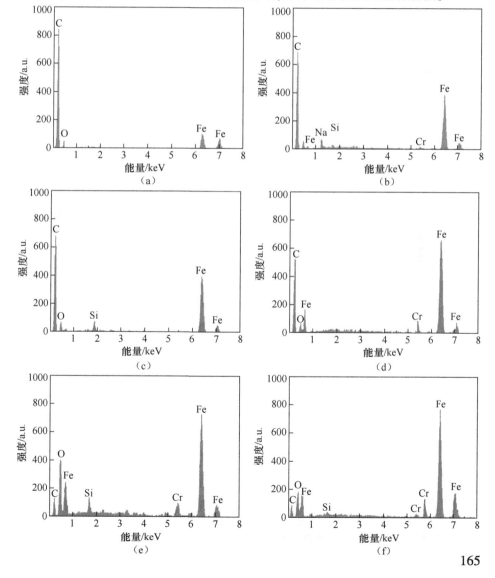

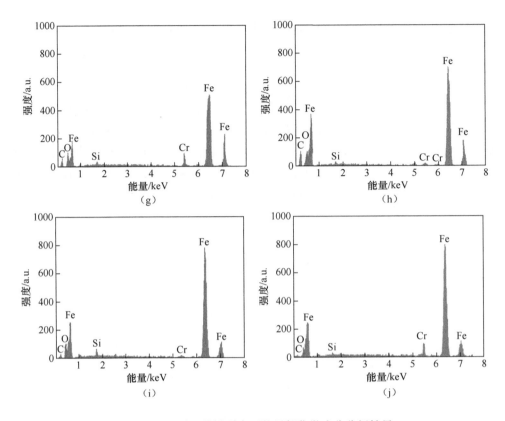

图 10-14 平面花键副表面的局部化学成分分析结果
(a) $N = 1 \times 10^6$ 时 EDS 分析结果;(b) $N = 2 \times 10^6$ 时 EDS 分析结果;
(c) $N = 3 \times 10^6$ 时 EDS 分析结果;(d) $N = 4 \times 10^6$ 时 EDS 分析结果;
(e) $N = 5 \times 10^6$ 时 EDS 分析结果;(f) $N = 6 \times 10^6$ 时 EDS 分析结果;
(g) $N = 7 \times 10^6$ 时 EDS 分析结果;(h) $N = 8 \times 10^6$ 时 EDS 分析结果;
(i) $N = 9 \times 10^6$ 时 EDS 分析结果;(j) $N = 1 \times 10^7$ 时 EDS 分析结果。

进一步观察 3 个磨损循环增量时的摩擦形貌[图 10-13(d)]发现,磨损表面不但有被氧化的黏附物,还有"犁沟"出现,意味着进一步提高磨损循环次数使氧化磨损增强,并伴随少量的磨粒磨损及粘着磨损。当磨损循环次数达到 4 个磨损循环增量时,磨粒磨损已经开始成为磨损的主要形式,粘着磨损与氧化磨损减弱,如图 10-13(e)所示。当磨损循环次数大于 4 个磨损循环增量时,平面花键副在给定工况下均以磨粒磨损为主,并伴有少量的氧化磨损,结果如图 10-13(e)~(j)所示。继续提高磨损循环次数至 $N_t = 1 \times 10^7$ 时,磨损表面形成无数的氧化小深坑。

2. EDS 分析

为了更全面客观地分析花键副的磨损情况,应用能谱仪分析磨损表面的化学成分。通过能谱分析,可以研究磨损过程中的摩擦表面的金属转移以及失效件表面的析出物或腐蚀产物。图 10-14 为图 10-13 平面花键副摩擦表面对应的局部化学成分。

从图 10-14(a)中可以看出，磨损循环次数达到 1 个磨损循环增量时，磨损表面的碳元素含量较高，此与花键表面渗碳层还未产生完全磨损有关。当磨损循环次数达到 2 个磨损循环增量时，摩擦表面与之前相比出现了金属元素类型及含量的变化，但是氧元素的含量减少[图 10-14(b)]，说明该磨损阶段主要以粘着磨损形式为主。由图 10-14(c)~(d)可以看出，随着磨损循环次数的增加，摩擦表面的氧元素含量增加，金属元素继续出现转移。从图 10-14(e)~(j)中可知，当磨损循环次数达到 5 个循环增量之后，氧元素含量在变，但金属元素的种类和含量变化不大。

3. 微动磨损机理分析

通过分析平面花键副微动磨损试验后磨损表面的形貌及化学成分，结合现有的微动磨损理论可以得出，相对静止的两平面花键接触表面，在法向载荷作用下，左、右两侧的平面花键齿接触表面的微凸体发生粘着。当发生微动的两接触点滑动时，其中一个平面花键齿表面的金属迁移黏附到了另一个平面花键齿表面上。同时，微凸体凸峰点的切削作用产生了磨屑，堆积在邻近区域由平面花键齿原本制造误差产生的凹坑里。磨屑在加工硬化作用和氧化作用下，以氧化磨损和磨粒磨损的形式磨损着周围的金属，磨损速度越来越快，大量的微动磨屑无法在原来的地方堆积，进而转移到了附近的凹坑。随之，平面花键接触面间的接触形式变成了弹性接触，接触面在磨屑挤压及微动作用下最大接触应力处于接触面中心，接触面中心及其附近的接触面上发生凹陷，形成浅而小的坑；继续微动作用，一部分小坑形成了深而大的麻坑。根据上述对试验中和试验后的平面花键齿磨损表面 SEM 及 EDS 的分析发现，摩擦表面存在大量小的凹坑或划痕，在其磨损过程中发生了"犁沟"效应，有金属材料转移现象存在且有金属氧化物的存在，证明平面花键在微动工况下发生微动磨损的过程是由磨粒磨损、氧化磨损、粘着磨损相互作用下产生的微动磨损机制，最终产生裂纹而导致花键副失效。

第 11 章 航空渐开线花键副振动检测试验

为了验证渐开线花键副动力学模型的正确性，本章搭建了渐开线花键副振动特性试验台。由于花键副齿对啮合力和啮合线相对位移较难测量，因此本试验对花键副所在轴系加速度信号进行检测。同时由于花键副的不对中条件较难控制，试验对转速进行了改变，将不同转速下试验测得的加速度数值与理论计算数值进行比对，以验证本书理论计算的准确性和有效性。

11.1 试 验 原 理

本章试验采用的渐开线花键副振动试验台主要包括控制系统、动力系统、试验台主体、负载系统、信号采集和处理系统。

由于花键副侧隙非常小，无法在花键齿处直接测得啮合力和相对位移的数值，因此本试验对花键轴沿坐标轴方向振动加速度进行测量，再与相应工况条件下理论模型计算得到的振动加速度进行对比，以此来侧面验证理论准确性。

如图 11-1 所示，渐开线花键副振动试验台的控制系统包括计算机、伺服驱动器；动力系统包括伺服电机和刹车系统；试验台主体包括轴承座、外花键轴、内花键轴；负载系统包括磁粉制动器、手动张力控制仪、冷却水源；信号采集和处理系统包括加速度传感器、加速度信号调理器、信号采集放大器、相关分析处理软件。

由图 11-1 可知，试验的转速由伺服电机 3 提供，通过计算机软件进行设定。伺服驱动器 2 控制伺服电机按照指定的转速运转。外花键轴 7 端部通过弹性联轴器 4 与伺服电机相连，电机的转速和功率便从电机由外花键输入。轴承座 5、11 支承外花键轴 7 和内花键轴 8 的运转。磁粉制动器 13 同样由弹性联轴器 12 同内花键轴连接，提供试验所需负载扭矩。手动张力控制仪 14 通过控制励磁电流的大小进而控制负载扭矩，转矩的数值可在伺服电机控制软件中的监控模块显示。制动器在运行过程中不可避免会产生热量，冷却水源 15 起到了降低制动器温度的作用，这里以小型循环水泵作为冷却水源，并从制动器水冷接口接入。加速度信号由布置在花键轴承座上的加速度传感器 6、10 采集，经数据采集线 9 传输到加速度信号调理器 16 中进行信号放大，随后经由信号采集分析仪 17 处理后传输到计算机中，由专门的信号分析软件对其进行处理和图像绘制。

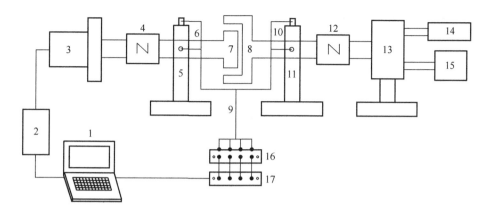

图 11-1 渐开线花键副振动试验台

1—计算机；2—伺服驱动器；3—伺服电机；4、12—弹性联轴器；5、11—轴承座；6、10—加速度传感器；7—外花键轴；8—内花键轴；9—数据采集线；13—磁粉制动器；14—手动张力控制仪；15—冷却水源；16—加速度信号调理器；17—信号采集分析仪。

11.2 试验测试设备相关参数及说明

11.2.1 设备参数

本试验用到的主要设备参数如表 11-1 所列。

表 11-1 试验主要设备参数

设备名称	型号	生产厂家	设备主要参数
安川伺服驱动器	SGD7S-330A00A002	安川電機(中国)有限公司	INPUT：3PH, 200~240V, 50/60Hz, 25A OUTPUT：3PH, 0~240V, 0~500Hz, 32.9A, 5kW
安川电机	SGM7G-44AFC6C	安川電機(中国)有限公司	200V, 3PH, 32.8A, 125Hz, 4.4kW, 28.4N, Rated 1500 min^{-1}, Max 1500 min^{-1}
磁粉制动器	FZ-200J/Y	无锡诺德传动机械有限公司	励磁电流：2.0A, 扭矩：200N·m
手动张力控制仪	ST-203D	海安县佳禾机电制造有限公司	OUTPUT：DC 0~24V/3A

169

续表

设备名称	型号	生产厂家	设备主要参数
单向加速度传感器	LC0107T	朗斯测试技术有限公司	100mV/g，50G，22kHz
信号调理器	LC0201	朗斯测试技术有限公司	AC220V，50Hz
信号采集分析仪	DH5922N	江苏东华测试技术股份有限公司	AC220V/50Hz
信号采集分析软件	DHDAS	江苏东华测试技术股份有限公司	无
伺服电源滤波器	SY12B-30A-S	台湾肯尼威电子有限公司	380V，50~60Hz
伺服电子变压器	SYT-100	佛山市琦亿(顺益)电器有限公司	INPUT：三相四线(AC360~420V) OUTPUT：INPUT：三相三线(AC200~220V)

11.2.2 电机速度控制

由于本试验仅需控制伺服电机按照一定的转速运转，控制方式较为简单，因此无需 PLC 或运动控制卡，仅通过计算机连接伺服驱动器即可实现功能。试验采用的软件为安川 SigmaWin+ ver.7，在试验时间不长(小于 10min)的情况下，用软件 JOG 程序运行模块实现转速控制，其操作界面如图 11-2 所示。

图中标号①~⑥的含义及本章节试验设置的试验参数如表 11-2 所列(因为速度为试验研究变量，所以有多组取值)。

其中序号⑥所代表的代码运行模式如下：

0：(Pn535：等待时间→Pn531：正向行进距离)×Pn536：移动次数；

1：(Pn535：等待时间→Pn531：反向行进距离)×Pn536：移动次数；

2：(Pn535：等待时间→Pn531：正向行进距离)×Pn536：移动次数→(Pn535：等待时间→Pn531：反向行进距离)×Pn536：移动次数；

3：(Pn535：等待时间→Pn531：反向行进距离)×Pn536：移动次数→(Pn535：等待时间→Pn531：正向行进距离)×Pn536：移动次数；

4：(Pn535：等待时间→Pn531：正向行进距离→Pn535：等待时间→Pn531：反向行进距离)×Pn536：移动次数；

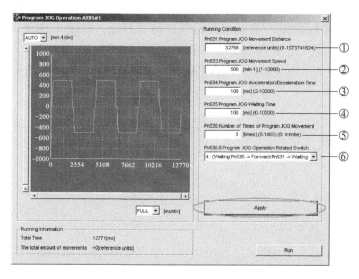

图 11-2 程序 JOG 模式操作界面

5:(Pn535:等待时间→Pn531:反向行进距离→Pn535:等待时间→Pn531:正向行进距离)×Pn536:移动次数。

其中 Pn535 代表程序等待时间,此时电机不动;Pn531 代表正向或反向移动量,单纯对于电机而言,代表其逆时针或顺时针旋转的角度;Pn536 代表移动次数,即电机在运行时由等待到运行的启动次数。

表 11-2 试验的程序参数设置

序号	指令代码	指令数值
①	Pn531:程序 JOG 移动距离	1073741824
②	Pn533:程序 JOG 运动速度	500/800/1000/1200(r/min)
③	Pn534:程序 JOG 加减速时间	500ms
④	Pn535:程序点动等待时间	500ms
⑤	Pn536:程序 JOG 运动次数	1
⑥	Pn530.0:程序 JOG 运行模式	0

11.2.3 扭矩控制和监测

扭矩的控制通过改变磁粉制动器励磁电流来实现,手动张力控制仪如图 11-3 所示,励磁电流由手动张力控制仪面板上的旋钮改变。

图 11-5 为磁粉制动器实物图。

转矩与励磁电流曲线如图11-4所示,由图可以看出励磁电流与转矩近似成线性关系,图中坐标数值表示最大运行条件的百分比。试验所用磁粉制动器最大励磁电流为2A,最大扭矩为200N·m,电机额定转矩为28.4N·m。由曲线可知,若使制动器提供28.4N·m的负载转矩,其励磁电流约设置为0.28A。

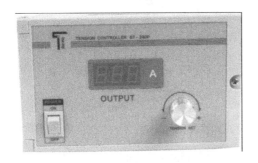

图 11-3 手动张力控制仪

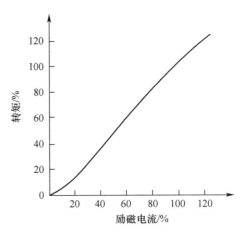

图 11-4 转矩与励磁电流曲线

图 11-5 磁粉制动器实物图

图11-6为试验采用的安川伺服驱动器和安川伺服电机三维模型图。

扭矩的实时监测由安川伺服软件SigmaWin+ ver.7中的波形跟踪模块实现。图11-7为某一微时间段内电机扭矩和转速情况,该图表示制动器扭矩为28N·m、电机转速为500r/min时的监测情况,图中转矩指令坐标数值表示额定转矩的百分比。由图可以看出,扭矩和转速在设定值上下做微小的波动。

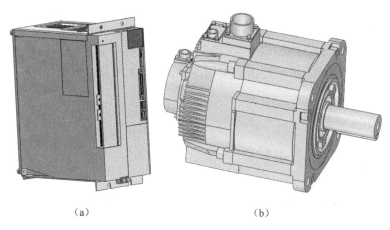

图 11-6 试验采用的安川伺服驱动器和安川伺服电机三维模型图
(a)安川伺服驱动器;(b)安川伺服电机。

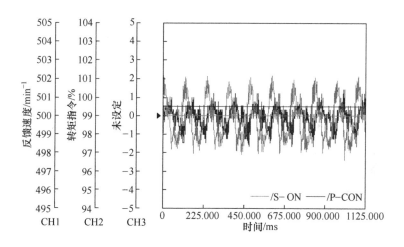

图 11-7 某一微时间段内电机扭矩和转速情况

11.2.4 试验数据采集和处理

试验加速度由布置在花键轴轴承座的加速度传感器采集,加速度传感器由朗斯测试技术有限公司生产,其型号为 LC0107T,灵敏度 100mV/g,量程 50g,频率范围 0.5~6000Hz,分辨率 0.0002g,谐振频率 22kHz。振动加速度经由加速度传感器采集并转换成电压信号,通过数据采集线输入到 LC0201 信号调理器中。信号调理器的主要作用有:①对加速度传感器供电,供电参数为 24VDC、4mA 恒流;②将加速度传感器输出的信号转换成信号采集分析仪能够识别的电压信号。

随后信号输入到 DH5922N 信号采集分析仪中,DH5922N 为通用型动态信号测试分析系统，可完成应力应变、振动(加速度、速度、位移)、冲击、力、扭矩等各种物理量的测试和分析，能实现多通道并行同步高速长时间连续采样。经过处理的信号通过 USB 接口输入到计算机中，随后在 DHDAS 信号采集分析软件中处理。

信号调理器和信号采集分析仪实物图如图 11-8 所示。

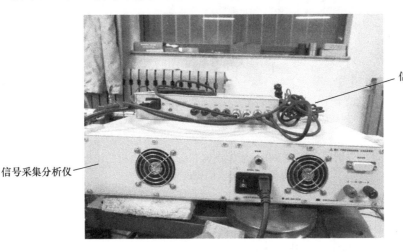

图 11-8　信号调理器和信号采集分析仪实物图

11.3　试验测试步骤

（1）按照测试原理图将机械部分(电机、内、外花键、轴承座、制动器)组装起来，并用 T 形螺栓与工作台相连。用百分表和薄垫片调节各联轴器两端轴的同轴度。

（2）按照伺服电机接线图将驱动器与电源、电机与驱动器、驱动器与计算机、电机刹车与 24V 开关电源连接起来。由于安川电机驱动器输入为 220V 三相电源，与国内电压标准不同，因此需接入变压器；将手动张力控制仪与磁粉制动器连接，并接入电路中；将加速度传感器布置到花键轴的轴承座上，并将传感器与信号调理器、信号调理器和信号采集分析仪、信号采集分析仪与计算机之间的数据线以及对应的电源线接好。

（3）将磁粉制动器与循环水泵连接。

（4）在 DHDAS 信号采集分析软件中设置各采集通道相关参数(采样频率：5kHz，测量对象：加速度，单位：m/s^2，灵敏度：$10mV/m/s^2$ 等)；按表 11-1 在软件 SigmaWin+ver.7 中设置好电机相应参数。

（5）打开伺服电机刹车 24V 电源，将电机从抱死状态解除；打开手动张力控制仪电源,设定好励磁电流大小;打开循环水泵电源,将冷却水接入;打开信号调理器和信号采集分析仪电源,加速度传感器上电,信号采集分析仪通道打开并处于待机状态;打开驱动器输入电源,驱动器上电;在计算机中启动 DHDAS 信号采集分析软件中的数据采集按钮,开始采集数据;启动 SigmaWin+ver.7 电机运行按钮,电机启动,试验台运转(注:本步骤的操作顺序为特定的,不可随意更改)。

(6) 调整不同的工况参数,去除干扰误差的影响,通过测试软件转换数据并绘图,最后保存试验结果(由于试验设备所限,无法完全达到航空恶劣的条件,因此试验的转速和扭矩在一定程度上做降低处理)。

本试验测不同转速工况条件下的加速度情况,具体实施方法及试验条件为:保持负载扭矩 28N 不变,分别取不同转速 500/800/1000/1200r/min,并采集对应转速的加速度数据。

(7) 针对步骤(4)和步骤(6)的工况条件,获得对应的理论计算结果。

(8) 分析试验采集到的数据,将试验测试结果和理论计算结果进行比较,验证所建理论模型的有效性。

图 11-9 和图 11-10 分别为试验台工件连接图和驱动器处接线。

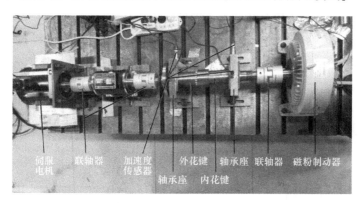

图 11-9　试验台工件连接图

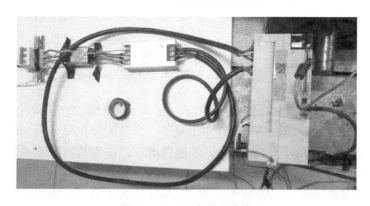

图 11-10　驱动器处接线

11.4 考虑不对中时花键副的加速度

依照 11.3 节的试验步骤，本节选取了 4 组不同的转速进行了对比试验,转速分别为 500r/min、800r/min、1000rmin、1200r/min。在上述转速条件下,将理论计算和试验测得的 x 方向振动加速度进行了对比。磁粉制动器扭矩设定为 28N·m。由于花键的不对中较难控制,本节以固定的不对中量进行试验,不对中量为 0.28mm。

由图 11-11 可以看出,在转速为 500r/min 时,外花键 x 方向理论计算以及试验测得的振动幅值均比较小。在图 11-11(a)中,理论对应的频谱出现了较多频率成分,其中大致分为 3 个频率范围,即 129~210Hz、430~537Hz、863~1154Hz,3 个频段内的最大频率分别为 156.2Hz、483.4Hz、970.5Hz。图 11-11(b)与图 11-11(a)类似,也出现了 3 个频率范围的振动,分别为 239~410Hz、483~674Hz、928~1172Hz。其中 3 个频段范围内最大的频率分别为 244.14Hz、488.3Hz、1118.16Hz,除第 1 个最大频率与理论相差较大以外,其余频率近似一致。通过图 11-11 的分析可知,在该不对中和转速条件下,振动的频谱比较杂乱且不满足倍频特性,并与工频无关。原因可能在于渐开线花键为多齿啮合问题,与一般意义上的转子不同,花键在振动过程中,各齿的啮合以及脱出会在很大程度上影响其振动频率,导致振动频率变得十分复杂。

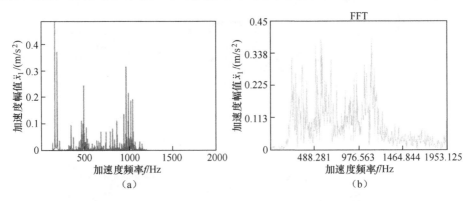

图 11-11 转速为 500r/min 时外花键 x 方向理论和试验频谱
(a)理论频谱;(b)试验所得频谱。

由图 11-12 可以看出,在转速为 800r/min 时,外花键 x 方向理论计算的振动幅值与试验较为接近。图 11-12(a)中出现了一个较大的频率分量,其对应的频率为 1013Hz;在 500Hz 频率以内,出现了近似以 160.2Hz 为基频的倍频分量,分别为 160.2Hz、293.9Hz、454.1Hz。在图 11-12(b)中,试验测得的峰值频率为 1064.5Hz,与理论计算得到的最大频率 1013Hz 较为接近,在 500Hz 以内,出现的较大频率为 366.2Hz,与理论值有一定差距。

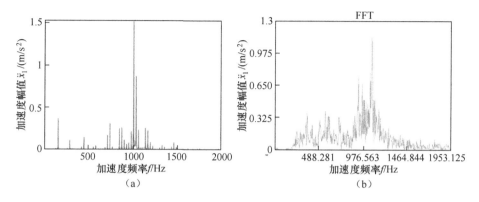

图 11-12　转速为 800r/min 时外花键 x 方向理论和试验频谱
(a)理论频谱;(b)试验所得频谱。

由图 11-13 可以看出,在转速为 1000r/min 时,图 11-13(a)的频谱形式与图 11-12(a)类似,1018Hz 对应的振动幅值最大,其对应的频段范围为 856~1222Hz;在 500Hz 以内产生的近似倍频振动的频率分别为 163.6Hz、325.9Hz、488.3Hz。在图 11-13(b)中,试验测得的频率集中在两个范围,分别为 253~410Hz 和 800~1328Hz,在 800~1328Hz 频率范围内,最大峰值对应的频率值为 1328.1Hz,其次为 1079.1Hz,与理论计算得到的频率接近。

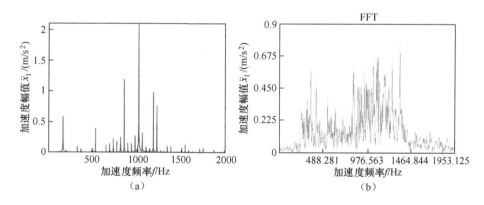

图 11-13　转速为 1000r/min 时外花键 x 方向理论和试验频谱
(a)理论频谱;(b)试验所得频谱。

由图 11-14 可以看出,在转速为 1200r/min 时,图 11-14(a)中 1043Hz 处的幅值最大,且略大于试验测得的幅值,其余频率对应的幅值与之相比较小。图 11-14(b)与图 11-14(a)的频谱形式相类似,以 1044.9Hz 处的频率最大,其余频率对应的幅值较小,与理论计算较为接近。

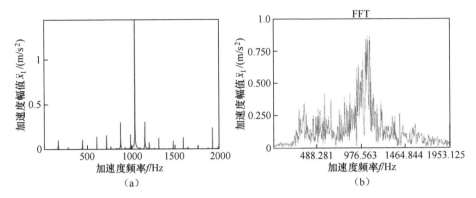

图 11-14　转速为 1200r/min 时外花键 x 方向理论和试验频谱
　　(a)理论频谱;(b)试验所得频谱。

参 考 文 献

[1] 薛向珍. 航空渐开线花键副磨损机理及磨损预估方法研究[D]. 西安:西北工业大学,2017.
[2] 王永亮,赵广,孙绪聪,等. 航空花键研究综述[J]. 航空制造技术,2017,3:91-100.
[3] 成大仙. 机械设计手册第 2 卷[M]. 5 版. 北京:化学工业出版社,2008.
[4] JUSTIN P M. Analysis of Axial Load Distribution in a Spline Coupling[D]. Rensselaer Polytechnic Institute Hartford, CT. 2009
[5] RICHARD T. Friedman. Determining Spline Misaligment Capabilities[J]. Gear technology,1995:36-37.
[6] ROBERT R R. Tooth engagement evaluation of involutes spline couplings[D]. American:Department of Mechanical Engineering Brigham Young University,2008.
[7] BARROT A, PAREDES M, SARTOR M. Determining both radial pressure distribution and torsional stiffness of involute spline couplings[J]. Journal of Mechanical Engineering Science,2006,220:1727-1738.
[8] TJERNBERG A. Load distribution in the axial direction in a spline coupling[J]. Engineering Failure Analysis,2001,8(0):557-570.
[9] TJERNBERG A. Load distribution and pitch errors in a spline coupling[J]. Materials and Design,2001,22(3):259-266.
[10] ADRIEN B, MANUEL P, MARC S. Extended equations of load distribution in the axial direction in a spline coupling[J]. Engineering Failure Analysis,2009,16(2):200-211.
[11] CHASE K W, SORENSEN C D,SORENSEN B D, et al. Variation analysis of tooth engagement and load sharing in involute splines[J]. American Gear Manufacturers Association,2010,9(2):54-62.
[12] CHASE K W, SORENSEN C D, JBRIAN J K. Variation analysis of tooth engagement and loads in involute splines[J]. Transactions on Automation Science and Engineering, 2010,7(4):746-754.
[13] VINCENZO C, FRANCESCA C, ANDREA M. Analysis of the pressure distribution in spline couplings[J]. Mechanical Engineering Science, 2012,226(12) 2852-2859.
[14] FRANCESCA C, ANDREA M, MICHELE G. Load distribution in spline coupling teeth with parallel offset misalignment[J]. Mechanical Engineering Science,2012,0(0):1-11.
[15] J SILVERS J, SORENSEN C D, CHASE K W. A new statistical model for predicting tooth engagement and load sharing in involute splines[D]. American:AGMA Technical Paper, Brigham Young University,2010:1-17.
[16] BARROT A, PAREDES M, SARTOR M. Determining both radial pressure distribution and torsional stiffness of involute spline couplings[J]. Journal of Mechanical Engineering Science,2006,220(12):1727-1738.

[17] SUM W S, LEEN S B, WILLIAMS E J, et al. Efficient finite element modelling for complex shaft couplings under non-symmetric loading[J]. Journal of Strain Analysis for Engineering Design, 2005, 40(7): 655-673.

[18] LIU S G, WANG J, HONG J, et al. Dynamics design of the aero-engine rotor joint structures based on experimental and numerical study[C]. Proceedings of the ASME Turbo Expo 2010, Glasgow, 2010.

[19] MĀRGINEANU D, STICLARU C, DAVIDESCU A, et al. Analytic and FEM study of load distribution on the length of spline joints under pure torque[M]. Springer International Publishing, 2017.

[20] HONG J, TALBOT D, KAHRAMAN A, et al. Load distribution analysis of clearance-fit spline joints using finite elements[J]. Mechanism and Machine Theory, 2014: 42-57.

[21] TJERNBERG A. Load distribution in the axial direction in a spline coupling[J]. Engineering Failure Analysis, 2001, 8(6): 557-570.

[22] 彭和平,李志明.扭杆弹簧端部花键承载能力与加工精度间数值关系的研究[J].机械,2004,31(5):20-23,38.

[23] 王庆国,陈大兵,魏静,等.基于有限元法的渐开线花键连接接触分析[J].机械传动,2014(1):134-137.

[24] 谭援强,胡检发,姜胜强,等.基于有限元法渐开线花键副不对中载荷分布研究[J].机械传动,2016(9):110-113.

[25] 耿开贺,贺敬良,陈勇,等.基于子模型扭杆花键疲劳优化分析[J].北京信息科技大学学报(自然科学版),2019,34(04):70-75.

[26] 魏延刚,刘立.盾构花键连接齿向和齿廓载荷分布及应力分析[J].工程机械,2017(12):10-15.

[27] XUE X Z, WANG S M. Dynamic characteristics and load coefficient analysis of involute spline couplings[J]. Advanced Materials Research, 2014, 890: 450-454.

[28] XUE X Z, WANG S M, YUAN R. Investigation of load distribution among teeth of an aero-engine spline coupling[J]. Springer Berlin Heidelberg, 2016, 367: 1155-1162.

[29] 薛向珍,霍启新,李文贤,等.质量偏心对航空渐开线花键副非线性动态啮合力的影响研究[J].陕西科技大学学报,2021,39(03):130-137.

[30] SU X, LU H, ZHANG X, et al. Analysis of dynamic characteristic for misalignment-spline gear shaft based on whole transfer matrix method[J]. Journal of Vibroengineering, 2018, 20(3): 1392-1408.

[31] CURA F M, MURA A. Theoretical and numerical evaluation of tilting moment in crowned teeth splined couplings[J]. Meccanica, 2018: 413-424.

[32] CURA F M, MURA A. Analysis of a load application point in spline coupling teeth[J]. Journal of Zhejiang University Science, 2014, 15(4): 302-308.

[33] GUO Y, LAMBERT S, WALLEN R, et al. Theoretical and experimental study on gear-coupling contact and loads considering misalignment, torque, and friction influences[J]. Mechanism and Machine Theory, 2016: 242-262.

[34] CURAÀ F, MURA A, GRAVINA M. Load distribution in spline coupling teeth with parallel offset misalignment[J]. Journal of Mechanical Engineering Science, 2012, 227(10): 2195-2205.

[35] WALTON J F, JAMES F K, ROGER C P, et al. Experimental investigation of the dynamic characteristics of an axial spline coupling in high-speed rotating machinery[J]. American Society of Mechanical Engineers, 1993, 60: 265-270.

[36] KAHRAMAN A. A spline joint formulation for drive train torsional dynamic models[J]. Journal of Sound and vibration, 2001, 241(2): 328-336.

[37] 赵广,刘占生,叶建槐,等.转子-不对中花键联轴器系统动力学特性研究[J].振动与冲击,2009,28(3):78-82,200.

[38] 赵广,刘占生,叶建槐,等.齿式联轴器不对中啮合力模型及其对转子系统动力学特性影响[J].哈尔滨工程大学学报,2009,30(1):33-39.

[39] 赵广,郭嘉楠,王晓放,等.转子-齿式联轴器-轴承系统不对中动力学特性[J].大连理工大学学报,2011,51(3):338-345.

[40] 李明,张勇,姜培,等.转子-齿轮联轴器系统的弯扭耦合振动研究[J].航空动力学报,1999(1):61-65,109.

[41] 龙鑫.齿式联轴器不对中动力学特性研究[D].哈尔滨:哈尔滨工业大学,2006.

[42] 何成兵,顾煜炯,杨昆.齿式连接不对中转子的弯扭耦合振动特性分析[J].机械强度,2005(6):725-729.

[43] 付波,周建中,彭兵,等.固定式刚性联轴器不对中弯扭耦合振动特性[J].华中科技大学学报(自然科学版),2007(4):96-99.

[44] XUE X Z, Huo Q X, Karl D Dearn, et al. Involute spline couplings in aero-engine: predicting nonlinear dynamic response with mass eccentricity[J]. Part K: Journal of Multibody Dynamics, 2021, 235(1): 75-92.

[45] XUE X Z, HUO Q X, Karl D Dearn, et al. Non-linear vibration characteristics of the involute spline coupling in aero-engine with the parallel misalignment[J]. Advances in Mechanical Engineering, 2021, 13(2): 1-23.

[46] 薛向珍,王三民,袁茹.渐开线花键副的非线性动力学特性研究[J].哈尔滨工业大学学报,2015,47(1):107-111.

[47] FLODIN A, ANDERSSON S. Simulation of mild wear in helical gears[J]. Wear, 2000, 241(2): 123-128.

[48] HUGNELL A B J, BJOERKLUND S, ANDERSSON S. Simulation of the mild wear in a cam-follower contact with follower rotation[J]. Wear, 1996, 199(2): 202-210.

[49] KIM N H, WON D, BURRIS D, et al. Finite element analysis and experiments of metal/metal wear in oscillatory contacts[J]. Wear, 2005, 258(11): 1787-1793.

[50] PÕDRA P, ANDERSSON S. Finite element analysis wear simulation of a conical spinning contact considering surface topography[J]. Wear, 1999, 224(1): 13-21.

[51] CRUZADO A, URCHEGUI M A, GÓMEZ X. Finite element modeling and experimental validation of fretting wear scars in thin steel wires[J]. Wear, 2012, 289: 26-38.

[52] PAULIN C, FOUVRY S, MEUNIER C. Finite element modelling of fretting wear surface evolution: application to a Ti-6A1-4V contact[J]. Wear, 2008, 264(1): 26-36.

[53] BAJPAI P, KAHRAMAN A, ANDERSON N E. A surface wear prediction methodology for parallel-axis gear pairs[J]. Journal of tribology, 2004, 126(3): 597-605.

[54] RATSIMBA C H H, MCCOLL I R, WILLIAMS E J, et al. Measurement, analysis and prediction of fretting wear damage in a representative aeroengine spline coupling[J]. Wear, 2004, 257(11): 1193-1206.

[55] LEEN S B, HYDE T R, WILLIAMS E J, et al. Development of a representative test specimen for frictional contact in spline joint couplings[J]. The Journal of Strain Analysis for Engineering Design, 2000, 35(6): 521-544.

[56] LEEN S B, RICHARDSON I J, MCCOII I R, et al. Macroscopic fretting variables in a splined coupling under combined torque and axial load[J]. The Journal of Strain Analysis for Engineering Design, 2001, 36(5): 481-497.

[57] WEATHERFORD JR W D, VALTIERRA M L, KU P M. Experimental study of spline wear and lubrication effects[J]. ASLE Transactions, 1966, 9(2): 171-178.

[58] BAKER D A. A finite element study of stresses in stepped splined shafts, and partially splined shafts under bending, torsion, and combined loadings[J]. 1999.

[59] LEEN S B, RICHARDSON I J, MCCOLL I R, et al. Macroscopic fretting variables in a splined coupling under combined torque and axial load[J]. The Journal of Strain Analysis for Engineering Design, 2001, 36(5): 481-497.

[60] MEDINA S, OlVER A V. Regimes of contact in spline couplings[J]. Transactions-American Society of Mechanical Engineers Journal of Tribology, 2002, 124(2): 351-357.

[61] MCCOLL I R, DING J, LEEN S B. Finite element simulation and experimental validation of fretting wear[J]. Wear, 2004, 256(11): 1114-1127.

[62] DING J, MCCOLL I R, LEEN S B. The application of fretting wear modelling to a spline coupling[J]. Wear, 2007, 262(9): 1205-1216.

[63] HYDE T R, LEEN S B, MCCOLL I R. A simplified fretting test methodology for complex shaft couplings[J]. Fatigue & Fracture of Engineering Materials & Structures, 2005, 28(11): 1047-1067.

[64] MADGE J J, LEEN S B, SHIPWAY P H. The critical role of fretting wear in the analysis of fretting fatigue[J]. Wear, 2007, 263(1): 542-551.

[65] HU Z, ZHU R, JIN G, et al. Analysis of fretting frictional contact parameters of aviation involute spline couplings[J]. Journal of Central South University (Science and Technology), 2013, 5: 013.

[66] 胡正根, 朱如鹏, 靳广虎, 等. 齿向分段抛物线修形对渐开线花键副微动磨损参数的影响[J]. 航空动力学报, 2013 (7): 1644-1649.

[67] OLVER A V, MEDINA S, BAKER R F, et al. Fretting and wear of splined couplings[J]. Proceedings of the One Day Seminar organized by the IMechE on Coupling and Shaft Technology for

Aerospace Transmissions, Solihull, 1999.

[68] NEWLEY R A. The mechanisms of fretting wear of misaligned splined in the presence of lubricant[D]. England: Imperial College, 1978.

[69] WEATHERORD W D, VALTIERRA J M L. Experimental study of spline wear and lubrication effects[J]. ASLE TRANSACATIONS,1966,9:171-178.

[70] BAKER D A. A finite element study of stresses in stepped splined shafts, and partially splined shafts under bending , torsion, and combined loadings [D]. Blacks burg:State University,1999.

[71] LEEN S B,RICHARDSON I J,MCCOLL I R,et al. Macroscopic fretting variables in a splined coupling under combined torque and axial load[J]. Journal of Strain Analysis,2001,36(5): 481-497.

[72] MEDINA S, OlVER A V. Regimes of Contact in Spline Couplings[J]. Journal of Tribology, 2002,124:352-357.

[73] MCCOLL I R,DING J,LEEN S B. Finite element simulation and experimental validation of fretting wear[J]. Wear,2004,256 (34): 1114-1127.

[74] DING J,LEEN S B,MCCOLL I R. The effect of slip regime on fretting wear-induced stress evolution[J]. International Journal of Fatigue,2004,26:521-531.

[75] DING J, MCCOLL I R,LEEN S B. The application of fretting wear modelling to a spline coupling[J]. Wear,2007, 262(9):1205-1216.

[76] RATSIMBA C H H,MCCOLL I R,WILLAMS E J,et al. Measurement, analysis and prediction of fretting wear damage in a representative aeroengine spline coupling[J]. Wear, 2004, 257 (32):1193-1206.

[77] HYDE T R,LEEN S B,MCCOLL I R. A simplified fretting test methodology for complex shaft couplings[J]. Fatigue Fract Engng Mater Struct,2005,28:1047-1067.

[78] MADGE J J,LEEN S B,SHIPWAY P H. The critical role of fretting wear in the analysis of fretting fatigue[J]. Wear,2007, 263(50):542-551.

[79] 胡正根,朱如鹏,靳广虎,等. 齿向分段抛物线修形对渐开线花键副微动磨损参数的影响[J]. 航空动力学报,2013,28(7):1644-1649.

[80] 薛向珍,霍启新,郑甲红,等. 基于齿形修形的航空渐开线花键副抗微动磨损研究[J]. 中国机械工程,2019:30(20):2447-2455.

[81] Xue X Z, Wang S M, Yuan R. Modification methodology of fretting wear in involute spline[J]. Wear, 2016,368:435-444.

[82] XUE X Z, WANG S M, YU J,et al. Wear characteristics of the material specimen and method of predicting wear in floating spline couplings of aero-engine[J]. International Journal of Aerospace Engineering, 2017,2017:1-11.

[83] XUE X Z,HUO Q X,HONG L. Fretting wear-fatigue life prediction for aero-engine's involute spline couplings based on ABAQUS[J]. Journal of Aerospace Engineering, 2019, 32(6): 1-9.

[84] Xue X Z,JIA J P,HUO Q X,et al. Experimental investigation and prediction method of fretting wear in rack-plane spline couplings[J]. Proc IMechE Part J:J Engineering Tribology. 2020:

[85] 史妍妍,赵广,张茂强,等. 航空渐开线花键磨损问题综述[J]. 第十一届全国转子动力学学术讨论会,2014:325-330.

[86] 王海涛,崔永红,董雪莲. 渐开线花键连接磨损特性研究[J]. 科技创新与应用,2016(15):5-6.

[87] 王永亮,赵广,孙绪聪,等. 航空花键研究综述[J]. 航空制造技术,2017,3:91-100.

[88] 薛向珍. 航空渐开线花键副微动磨损机理及磨损量预估方法研究[D]. 西安:西北工业大学. 2017.

[89] 付才高. 航空发动机设计手册第19册:转子动力学及整机振动[M]. 北京:航空工业出版社,2000:44-49.

[90] 许勇毅,斯建龙,何国栋,等. 用当量长度法确定变截面阶梯轴的扭转刚度[J]. 机电工程,2004(4):55-56,36.

[91] 张策. 机械动力学[M]. 2版. 北京:高等教育出版社,2008:315.

[92] 韩清凯,翟敬宇,张昊. 机械动力学与振动基础及其数字仿真方法[M]. 武汉:武汉理工大学出版社,2016:1.

[93] AL-SHYYAB A, KAHRAMAN A. Non-linear dynamic analysis of a multi-mesh gear train using multi-term harmonic balance method: period-one motions[J]. Journal of Sound and Vibration, 2005,284(1-2):151-172.

[94] SINGIRESU S R. 机械振动[M]. 李欣业,杨理诚,译. 5版. 北京:清华大学出版社,2016:493-496.

[95] 苏景鹤,江丙云. ABAQUS Python 二次开发攻略[M]. 北京:人民邮电出版社,2016.

[96] 秦大同,谢里阳. 现代机械设计手册[M]. 北京:化学工业出版社,2011.

[97] MATVEEVSKY R M. The critical temperature of oil with point and line contact machines[J]. Trans. ASME, 1965, 87:754.

[98] SAUGER E, FOUVRY S, PONSONNET L, et al. Tribologically transformed structure in fretting[J]. Wear, 2000, 245(1):39-52.

[99] FOUVRY S, KAPSA P, VINCENT L. An elastic-plastic shakedown analysis of fretting wear[J]. Wear, 2001, 247(1):41-54.

[100] ZHANG T, MCHUGH P E, LEEN S B. Computational study on the effect of contact geometry on fretting behaviour[J]. Wear, 2011, 271(9):1462-1480.

[101] 李诗卓,董祥林. 材料的冲蚀磨损与微动磨损[M]. 北京:机械工业出版社,1997.

[102] WEATHEROD W D, VALTIERRA J M L. Experimental study of spline wear and lubrication effects[J]. ASLE TRANSACATIONS,1966,9:171-178.

[103] 温诗铸. 摩擦学原理[M]. 北京:清华大学出版社,1990.

[104] QUINN T F J. The effect of "Hot-Spot" temperatures on the unlubricated wear of steel[J]. A S L E Transactions, 1967,10:158-168.

后　　记

针对本书1.3节所述我国先进航空发动机中渐开线花键副所面临的具体问题,本书内容主要涉及对航空渐开线花键副磨损的原因、磨损机理、磨损量预估方法、不同因素对磨损分布的影响规律、动载荷分布规律以及抗磨损措施的研究与探讨。研究过程中采用了理论研究、仿真模拟并辅之以试验验证的技术路线。本书只是作者们对航空渐开线花键副已有研究成果进行了整理和总结。所提方法和所得结论在一定程度上为我国先进航空发动机中的渐开线花键副设计以及维修提供了可靠的参考依据和思路,但同时,对于1.3节所述问题,后续需要做的工作还很多,目前作者们正在进行的工作如下。

(1) 搭建一种精确测量各种工况条件渐开线花键副磨损规律的试验台。试验台包括驱动装置、工况模拟装置、负载装置、扭矩测量仪及工作台底板。所述工况模拟装置包括一对轴向浮动量、轴向位移及轴线夹角可相对调整的轴承。这两个轴承各通过一个轴承底板与试验台底座固定连接,且可通过轴承底板在试验台底座上精确模拟出轴承轴线间的 x 轴浮动量、z 轴轴向位移及夹角偏移。本试验台除了可以完成花键副在不同材料、热表处理方式、轴向浮动量、不对中、质量偏心及不同润滑方式等工况条件下的磨损试验,还可以实现其振动测试分析,为本书中花键副磨损预估模型及不同因素对花键副磨损的影响规律研究结果的验证提供可靠保障。

(2) 极端工况下考虑内、外激励共同作用的系统振动位移、频率与磨损之间的耦合规律问题。航空渐开线花键副具有复杂的振动特性,其磨损是由波动扭矩外激励及综合时变啮合刚度与误差等内激励共同作用产生的振动引起的。而该磨损通过影响键齿间侧隙及键齿表面粗糙度等参数引起系统动态激励的变化,加剧了系统振动特性,故其磨损与振动之间存在一定的影响关系。最终两者之间互相影响、互相作用加速并促使了航空渐开线花键副系统的磨损失效。尤其在起飞、巡航等工作状态时,花键副系统要经历高转速、大功率甚至干摩擦(高温及润滑较差)等极端工况,故在第(1)个工作基础上最终以振动位移及振动频率为主建立其与系统磨损预估结果的关系模型,进而揭示极端工况时内、外激励下航空渐开线花键副系统振动与其磨损之间的耦合规律。

(3) 多状态切换混杂损伤下齿轮系统的弯-扭耦合非线性动力学响应研究。

研究齿轮系统在点蚀、磨损、胶合、剥落、齿根裂纹以及断齿等故障下的综合时变啮合刚度变化规律，探索多故障模式状态随机切换混杂损伤下，齿轮系统的弯-扭耦合非线性动力学响应变化情况，研究随故障程度、故障相互切换及多故障状态并发时，系统时域特征和频域特征的演化趋势，建立敏感特征在各部件上的表现。

（4）全寿命周期内齿轮传动系统多维信息监测新方法研究。建立多源信息和多形态信息的表达与处理机制，解决传感器多源、采样不同步、多时间尺度和多格式混杂难题；搭建具备强适应性和抗干扰性的齿轮传动系统信号多层次处理架构；探索传感器失效机理理论，开发实时在线监测传感器状态算法，实现监测系统的自校准、自诊断和自适应。

（5）多维信息状态下故障定位和损伤程度的自诊断新技术开发。针对多状态切换混杂损伤下齿轮系统时域特征和频域特征，基于多维信息信号处理新方法以及故障机理开发齿轮传动系统多维信息状态下的故障自诊断新技术，结合故障程度与系统敏感特征的对应关系，探索多维信息状态下故障损伤程度的智能量化方法，提出优化的复连续小波变换法以诊断故障位置，实现多状态切换混杂损伤下齿轮系统故障种类、程度和位置自诊断。

（6）齿轮传动系统服役性能及残余寿命的智能预测方法研究。制定温度、振动、传动效率以及可靠性等评价齿轮传动系统服役性能的单一指标；探索齿轮传动系统服役性能综合评价新技术；结合齿轮传动系统故障自诊断及非线性动力学的分析结果，提出齿轮传动系统残余寿命预估模型；基于齿轮传动系统各零部件的故障比，建立齿轮传动系统服役性能智能综合评价及残余寿命的智能预估体系。

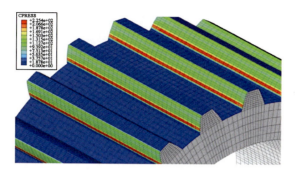

图 7-3 工况条件一下齿面接触应力云图

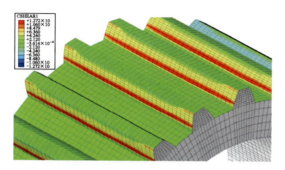

图 7-4 工况条件一下齿面剪切应力分量 CSHEAR1 云图

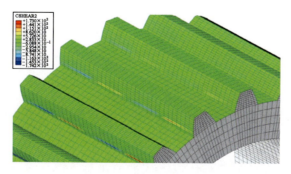

图 7-5 工况条件一下齿面剪切应力分量 CSHEAR2 云图

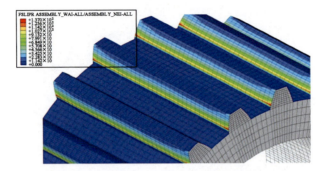

图 7-6 工况条件一下齿面相对滑移速率云图

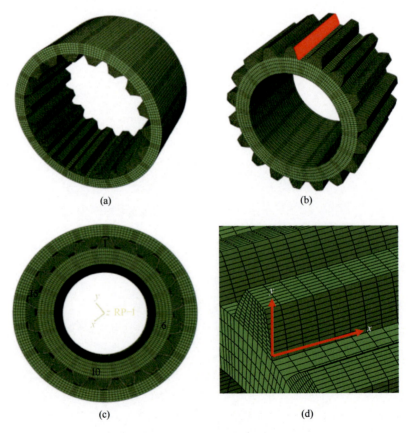

图 7-24 花键副模型
(a)内花键;(b)外花键;(c)花键齿编号;(d)齿处坐标系。

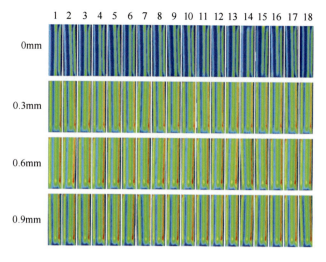

图 7-25 轴向浮动距离对齿面接触应力的影响云图

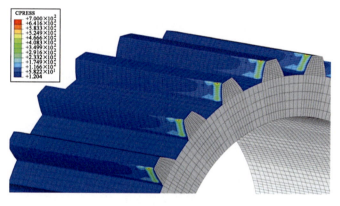

图 8-5 未修形时外花键齿面接触应力云图

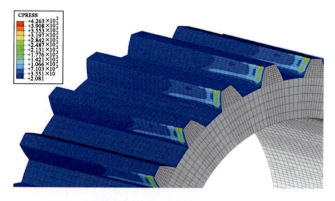

图 8-6 鼓形修形时外花键齿面接触应力云图

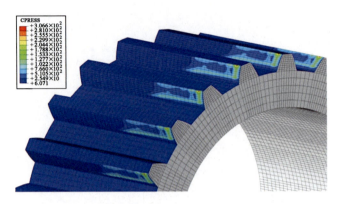

图 8-7 齿向分段抛物线修形时外花键齿面接触应力云图

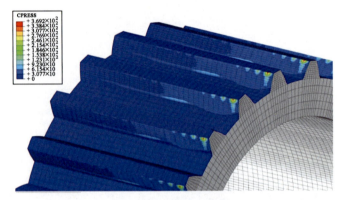

图 8-8 载荷均匀化曲线修形时外花键齿面接触应力云图

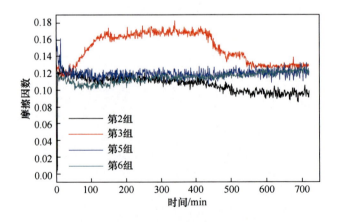

图 9-8 不同材料试验件的摩擦因数

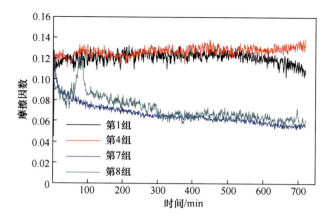

图 9-9　不同表面处理的试验件的摩擦因数

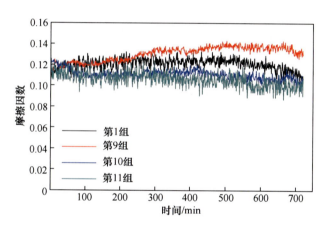

图 9-10　不同载荷时试验件的摩擦因数

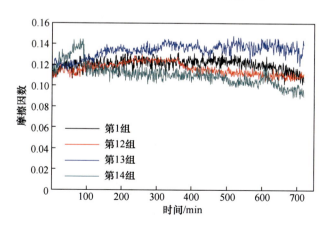

图 9-11　不同转速时试验件的摩擦因数

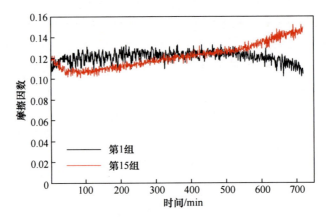

图 9-12　不同润滑方式时试验件的摩擦因数

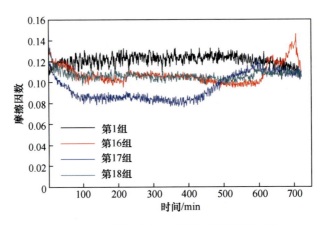

图 9-13　不同划痕方向时试验件的摩擦因数

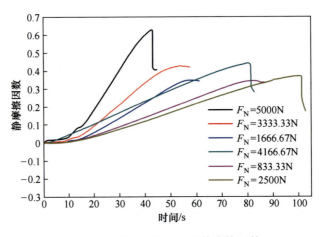

图 10-9　不同正压力时的静摩擦因数

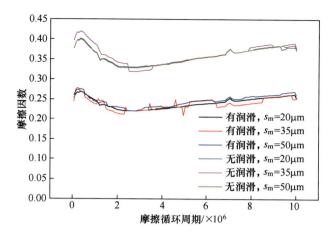

图 10-10 不同工况时平面花键副的摩擦因数